AF537841

C·H·Beck
PAPERBACK

Räder und Wagen sind erstaunlich junge Errungenschaften. Als man in Alteuropa, Ägypten und Mesopotamien längst Städte baute, Hochöfen betrieb und schreiben konnte, wurden Lasten noch von Eseln, Kamelen und Menschen geschleppt oder – als Gipfel der Technik – auf Schlitten durch den Sand und über rollende Stämme gezogen. In den südamerikanischen Hochkulturen gab es überhaupt keine Räder. Harald Haarmann zeigt zunächst, wie um 5000 v. Chr. in der Donauzivilisation das Töpferrad erfunden wurde. Es sollte noch einmal rund tausend Jahre dauern, bis in der Eurasischen Steppe – in einer hochmobilen Gesellschaft und einem geeigneten Gelände – erstmals Wagen aufkamen. Von hier aus verbreitete sich die Innovation schnell in alle Himmelsrichtungen: nach Europa, Mesopotamien, Indien und China. Um 2000 v. Chr. begann die Ära der Streitwagen, mit denen sich weite Räume beherrschen ließen. Es war die Blütezeit der altorientalischen Großreiche. Die Verdrängung der Streitwagen durch hochmobile Reitereien konnte den Siegeszug des Rades nicht aufhalten: Transportwagen, Straßen, Schöpfräder, Spinnräder und Zahnradgetriebe haben die Welt verändert und tun das bis heute.

Harald Haarmann gehört zu den weltweit bekanntesten Sprach- und Kulturwissenschaftlern. Er wurde u. a. mit dem Prix Logos der Association européenne des linguistes, Paris, sowie dem Premio Jean Monnet ausgezeichnet. Seine Bücher wurden in viele Sprachen übersetzt. Bei C.H.Beck erschienen u. a. «Geschichte der Schrift» (5. Aufl. 2017), «Vergessene Kulturen der Weltgeschichte» (2. Aufl. 2019) sowie zuletzt «Die seltsamsten Sprachen der Welt» (2. Aufl. 2021).

Harald Haarmann

Die Erfindung des Rades

Als die Weltgeschichte ins Rollen kam

Von der Eurasischen Steppe zu den frühen Hochkulturen

C.H.Beck

Mit 43 überwiegend farbigen Abbildungen und 2 Karten

Originalausgabe

www.chbeck.de
Umschlaggestaltung: geviert.com / Andrea Wirl
Umschlagabbildung: Sonnenwagen von Trundholm (Dänemark), um 1400 v. Chr., Kopenhagen, Nationalmuseet, © akg-images/De Agostini Picture Lib./A. Dagli Orti
Satz: C.H.Beck.Media.Solutions, Nördlingen
Druck und Bindung: Pustet, Regensburg
Gedruckt auf säurefreiem und alterungsbeständigem Papier
(hergestellt aus chlorfrei gebleichtem Zellstoff)
Printed in Germany
ISBN 978 3 406 79727 9

myclimate

klimaneutral produziert
www.chbeck.de/nachhaltig

Für Pirkko-Liisa (1938–2021)
In Erinnerung an die ereignisreiche Zeit
unseres gemeinsamen Lebens

Inhalt

Einleitung

Der lange Weg zu einem einfachen Prinzip

Das Rad – in elementarer Ausführung eine runde Scheibe mit Achse – zählt neben dem Gebrauch des Feuers, der Metallverarbeitung und der Schrift zu den wichtigsten Erfindungen der Menschheit. In konventionellen Handbüchern zur Kulturgeschichte findet man bis heute die veraltete Ansicht, Rad und Wagen seien in Mesopotamien erfunden worden (so noch der Tenor in dem Sammelband von Fansa/Burmeister 2004). Damit folgte man der seit Langem vorherrschenden Ansicht, dass in Mesopotamien der Ursprung aller frühen zivilisatorischen Errungenschaften zu suchen sei. Die ältesten Wagenfunde dort werden ins frühe 3. Jahrtausend v. u. Z. datiert.

Inzwischen sind aber ältere Funde außerhalb des kulturellen Einzugsgebiets von Mesopotamien gemacht worden, und die weisen auf die Kontaktzone von Ackerbauern und Viehnomaden im Grenzland der Eurasischen Steppenlandschaft. Was die Revolution in der Transporttechnologie (Rad und Wagen) betrifft, so zeichnet sich heute ein differenzierteres Bild ab, in dem die Bedeutung Südosteuropas und des eurasischen Raumes sichtbar wird. Damit wird aber auch eine neue Perspektive für die Geschichte der frühen Hochkulturen eröffnet. Sie lässt sich anhand einer Geschichte des Rades in Umrissen darstellen.

Wenn man von *der* Erfindung des Rades spricht, ist dies eine sehr pauschale Vorstellung. Es war ein vielschichtiger Prozess: Die Umsetzung der Idee des sich drehenden Rades machte vielerlei spezielle Erfindungen erforderlich, bis schließlich die angestrebte praktische Nutzung realisiert werden konnte.

Immer wenn es gelungen war, Radtechnologie in einem bestimmten

Bereich konkret umzusetzen, und sich damit die Erfahrungen über ein Erfolgserlebnis akkumulierten, war dies ein Ansporn für weitere Anstrengungen zum Zweck praktischer Anwendungen. Vor diesem Erfahrungshintergrund konnten Inspirationsquellen für zahllose spezialisierte Erfindungen mobilisiert werden, die sich rasant in die verschiedensten Bereiche der Technik ausfächerten.

Das Rad ist nicht nur einmal erfunden worden. Zumindest lassen sich zwei Ursprungszentren identifizieren, in denen – unabhängig voneinander – Radtechnologie praktisch umgesetzt wurde. Dies ist zum einen die alteuropäische Donauzivilisation, zum anderen die mesopotamische Zivilisation im Mittleren Orient. In beiden Regionen beginnt die angewandte Radtechnologie aber nicht mit einer Revolution der Transporttechnologie, also nicht mit Rad und Wagen, sondern mit dem Töpferrad. Das heißt, die Anwendung des Rades in der Töpferei ist deutlich älter als die Experimente mit Rad und Wagen.

Es gibt Forscher, die die verfügbaren archäologischen Erkenntnisse dahingehend interpretieren, dass es sogar mehr als zwei Zentren gegeben hat, von denen aus sich die Radtechnologie in andere Regionen verbreitete: aus der Kontaktzone von Ackerbauern und Steppennomaden in der westlichen Ukraine nach Mitteleuropa, aus dem Kaukasusvorland nach Mesopotamien, von dort nach Indien. Im vorliegenden Buch kommen die verschiedenen Hypothesen zur Sprache. Zieht man das Fazit aus den neueren Forschungen, dann gelangt man zu der Erkenntnis, dass zwar das Töpferrad an zwei verschiedenen Orten der Alten Welt erfunden wurde, dass aber die Innovation im Transportwesen, die Erfindung von Rad und Wagen, nur einmal erfolgte, und zwar am Rand der Eurasischen Steppe (siehe Kapitel 2).

Die praktische Umsetzung von Funktionen für das Rad erfolgte in mehreren Innovationsschüben, die – so der kulturgeschichtliche Gesamteindruck – auf das Konto günstiger Zufälle zu verbuchen sind. Entscheidend war jeweils das Zusammenspiel produktiver Wirkungsfaktoren, also die Inspiration für eine Problemlösung und die Mobilisierung von technischem Know-how zur rechten Zeit am rechten Ort.

Die Erfindung von Rad und Wagen war zwar einmalig, aber die

Entwicklung von verschiedenen Wagentypen und -modellen für die unterschiedlichsten Funktionen zog sich über einen langen Zeitraum hin. Vom klobigen Kastenwagen mit robusten Vollscheibenrädern bis hin zum schnittigen und wendigen Streitwagen mit Speichenrädern sind dies rund zweitausend Jahre. Wenn die Geschichte der Schubkarre miteinbezogen wird, spannt sich der Bogen für die Entwicklung von Wagentypen – des vierrädrigen und zweirädrigen Wagens und der einrädrigen Karre – sogar über drei Jahrtausende. Die erste Erwähnung einer Karre mit nur einem Rad stammt aus dem antiken Griechenland und datiert ins späte 5. Jahrhundert v. u. Z.

Der anfängliche Innovationsschub einer Anwendung der Radtechnologie zur Revolutionierung des Transportwesens hatte nachhaltige Auswirkungen auch für Innovationsschübe im kulturellen Bereich. Die Erfindung von Rad und Wagen war wie ein Stein, der ins Wasser geworfen wird und Wellen auslöst. Die Auswirkungen für die kulturelle Entwicklung der frühen Zivilisationen manifestieren sich in wellenartigen Sequenzen von Innovationsschüben.

In einigen Kontexten lassen sich komplexe Innovationssequenzen beobachten. Eine solche ist beispielsweise für die militärtechnische, politische und kulturelle Entwicklung im Nahen Osten und in Ägypten während der Bronzezeit festzustellen. Das 2. Jahrtausend v. u. Z. brachte in dieser Großregion zahlreiche Neuerungen, die ihren Ausgang in unvorhersehbaren grundstürzenden Verschiebungen im Kräfteverhältnis der Großmächte nahmen – eine Art Big Bang, der zahlreiche Folgereaktionen auslöste.

Der Kriegerelite der Mitanni, die aus Zentralasien kommend um 1500 v. u. Z. weite Gebiete im Mittleren und Nahen Osten eroberten, gelang es, sich als neue regionale Großmacht zu etablieren. Ihre militärischen Erfolge verdankten sie dem taktischen Einsatz ihrer überlegenen Kriegsmaschine: des technisch aufgerüsteten Streitwagens.

In der Folge musste sich der Nachbar im Süden, das Pharaonenreich, mit dem neuen Machtfaktor arrangieren. Dies taten die Pharaonen der 18. Dynastie im 14. Jahrhundert v. u. Z.: Amenophis III. und sein Nachfolger, Amenophis IV. (Echnaton), unterhielten enge diplomatische Beziehungen zum Reich von Mitanni, und diese Beziehungen wurden durch den Austausch von Prinzen und Prinzessinnen zwischen den Herrscherhäusern verstärkt. Dabei gelangten zwei Prinzessinnen der Mitanni nach Ägypten, die Geschichte schrieben: Teje, die Mutter von Echnaton, und Nofretete, die als «Große Königsgemahlin» an der Seite ihres Gemahls, des Pharao Echnaton, glänzte.

Der rege soziale und kulturelle Austausch mit den Mitanni umfasste auch eine Intensivierung des Transfers von technischem Knowhow. Ägyptische Techniker verwerteten das Wissen der Wagenbauer von Mitanni, und es gelang ihnen, ein ausgereiftes Streitwagenmodell zu entwickeln (siehe Kapitel 4). Als Pharao Ramses II. im 13. Jahrhundert v. u. Z. seine Feldzüge im Nahen Osten durchführte, war er auch deshalb militärisch erfolgreich, weil er die damals modernste Kriegsmaschine der Welt einsetzen konnte: den Streitwagen mit Federung der Achsenaufhängung. Auf lange Sicht bewirkte die technologische Überlegenheit eine militärische und somit eine geopolitische Stärkung des Reichs am Nil.

Seit der Erfindung des Streitwagens wurde dieses Gefährt in zwei grundverschiedenen Funktionen eingesetzt: zum einen als Kriegsmaschine, die die militärischen Operationen revolutionierte, denn die bewegliche Kriegsführung nahm mit dem Streitwagen ihren Ausgang; zum anderen als Repräsentationsvehikel, auf dem sich Leute von Rang in der Öffentlichkeit zur Schau stellten. So fuhr der Tyrann Peisistratos auf einem Streitwagen in Begleitung einer als Athene verkleideten Hetäre in Athen ein, um die Athener zu beeindrucken, und lange vor ihm zeigte sich schon Nofretete auf einem Streitwagen der staunenden Menge.

Die Geschichte der Streitwagen als Repräsentationsvehikel ist sogar länger als die der Kriegsmaschine. Sie reicht bis in unsere Tage, beispielsweise in enger Verbindung mit der vielleicht bekanntesten politischen Ikone der neueren deutschen Geschichte, dem Brandenburger Tor: Auf diesem Bauwerk – und nicht nur auf diesem – prangt eine Quadriga, ein vierspänniger Streitwagen, hier mit der Figur der römischen Siegesgöttin Victoria als Wagenlenkerin (siehe Kapitel 5).

Die praktische Umsetzung von Radtechnologie in Form des Töpferrads und des Wagens auf Rädern markiert den Anfang einer unendlichen Kette von speziellen Radfunktionen, deren Nutzung das technologische Niveau der frühen Zivilisationen beständig angehoben hat. Die Verwendung von Wagen bedeutete eine neue Herausforderung für die verkehrstechnische Infrastruktur, nämlich die Erschließung eines Verkehrsnetzes mit befestigten Wegen und Straßen. Die Römer sind bekannt als versierte Straßenbauer. Doch sie haben vom Know-how der Etrusker profitiert, und bereits vor ihnen wurde Straßenbau im imperialen Stil betrieben, so im Persischen Reich während des 5. Jahrhunderts v. u. Z. (Kapitel 7).

Parallel zu den praktischen Radfunktionen tritt uns insbesondere in den Kulturen, in denen Rad und Wagen seit jeher eine wichtige Rolle gespielt haben, eine variantenreiche Symbolik entgegen, die sich um Rad und/oder Wagen rankt. Manifestationen für das eine wie das andere findet man im Mythenschatz, in den religiösen Vorstellungen und in kulturell überformten metaphorischen Konzepten in den Wissenschaften (etwa der «Große Wagen» als Sternbild). Breit ausgefächert sind praktische wie symbolische Radfunktionen, die mit der Kulturgeschichte der griechischen Antike assoziiert sind. Die Radsymbolik hat einen festen Platz in der Mythologie, man denke an Helios mit dem Sonnenwagen, und in der Philosophie, etwa in der Streitwagenmetaphorik bei Platon (siehe Kapitel 5).

Beide Elemente spielen auch eine zentrale Rolle im Hinduismus und Buddhismus (siehe Kapitel 6). Das wichtigste Attribut des hinduistischen Hochgottes Vishnu ist das Sonnenrad (*sudarsanacakra*), das als Waffe gebraucht wird. In der mythischen Überlieferung öffnet Vishnu damit den Streitwagenkriegern aus Zentralasien die Tore nach Indien. Anlässlich des großen Hindu-Festes, des *rathajatra*, finden Prozessionen mit Tempelwagen statt.

Aufgabe einer Kulturgeschichte des Rades ist es auch, auf Leerstellen hinzuweisen. Es gibt eine Kulturregion der Welt, wo sich frühe, blühende Zivilisationen entfaltet haben, die aber keine praktische Funktion von Radtechnologie kannten. Dies ist das präkolumbische

Amerika. Sowohl in Mittelamerika, bei den Maya und Azteken, als auch in Südamerika, bei den Moche und Inka, gab es bis zur Ankunft der Europäer keine Wagen mit Rädern, und auch andere praktische Radfunktionen wie das Töpferrad waren unbekannt.

Dennoch haben sich dort, so verwirrend dies erscheinen mag, verschiedene symbolische Radfunktionen entwickelt. So haben Archäologen Miniaturskulpturen mit Rädern gefunden, die vorschnell als «Spielzeuge auf Rädern» (toys on wheels) deklariert wurden, weil sie bei modernen Betrachtern eine Assoziation mit Kinderspielzeugen auslösten. Tatsächlich handelt es sich bei diesen Objekten aber um Votivgaben, die an Ritualplätzen deponiert wurden. Stellt man die Bindung der Radfunktion an die religiöse Sphäre in Rechnung, so wird offenbar, dass die solchermaßen sakralisierte Radfunktion wohl eine Art Blockierung bewirkte, eine kulturell motivierte Sperre, diese Funktion für praktische Anwendungen zu profanisieren.

Auch das Prinzip des Zahnrads war im präkolumbischen Amerika bekannt, allerdings ebenfalls ausschließlich in sakral-symbolischer Funktion. Im Kalenderwesen wurde zwischen den Tagesbezeichnungen eines profanen und eines sakralen Kalenders unterschieden. In der Visualisierung als Kalenderrunde griffen Räder nach dem Zahnradprinzip ineinander und ermöglichten damit eine Synchronisierung der Tagesrechnung für beide separaten Kalender (siehe Kapitel 6). Auch hier dürfte die religiöse Bindung den Ausschlag gegeben haben für eine symbolische, nicht durch reale Anwendung profanisierte Isolation des Radprinzips.

In der Synopsis der vielfältigen praktischen Umsetzungen der Radtechnologie wird deutlich, dass sich Innovationsschübe nicht in regelmäßigen Intervallen manifestierten. Vielmehr war es jeweils das Zusammenwirken von vielerlei Einzelfaktoren, das einen Durchbruch für eine bestimmte Erfindung brachte. Man könnte annehmen, dass der einrädrige Wagen, die Schubkarre, wegen seiner einfachen Bauart das erste Wagenmodell in der Geschichte der Technik gewesen wäre. Es verhält sich jedoch genau umgekehrt: der Wagen mit vier Rädern stand am Anfang, und die Schubkarre war ein «Spätentwickler». Die

Drehbewegung einer Spindel lädt scheinbar unmittelbar zur assoziativen Erfindung des Spinnrads ein. Doch die Kulturgeschichte zeigt, dass es viele Jahrtausende dauern sollte, bis die Radtechnologie im Bereich des Spinnens praktisch umgesetzt wurde (siehe Kapitel 8). Bei der Rückblende in die Geschichte des Rades erweist sich ein an Selbstverständlichkeiten orientiertes modernes Denken als wenig hilfreich, ja eher als Hindernis.

Die menschliche Kreativität lässt sich nicht gängeln oder kommandieren. Der geistige Funke für eine Erfindung springt über, wenn dafür der richtige Zeitpunkt gekommen ist. Den Menschen in der Donauzivilisation war ein Begriff bekannt, der als frühes Lehnwort in den Wortschatz des Altgriechischen übernommen wurde. Dies ist *kairos*, ein eindeutig vorgriechischer Ausdruck aus der Spezialterminologie des Bogenschießens, die sich bei den Alteuropäern ausgebildet hatte. Der Schütze peilt das Ziel an, er kalkuliert die Flugbahn in Relation zur Dynamik des abgeschossenen Pfeils und berücksichtigt die Windströmung. Dann kommt der Moment, in dem alle Impulse eingeschätzt sind, die über den Erfolg der Aktion entscheiden, der Augenblick, der maximale Wirkung verspricht: *kairos*. Genau dann lässt der Schütze die Sehne los, der Pfeil schnellt heraus und auf sein Ziel zu.

Der Ausdruck *kairos* wird in den altgriechischen Texten mit vielerlei Sonderbedeutungen verwendet, die sich alle von der begrifflichen Basis des «rechten Augenblicks» ableiten. Und wie die Kulturgeschichte zeigt, waren alle Innovationen der Radtechnologie dem Konzept des *kairos* verpflichtet.

1.

Die Erfindung des Töpferrads in Europa und im Mittleren Osten

Rad, Schlitten, Wagen: Primäre und sekundäre Technologien

Es liegt die Vermutung nahe, dass die natürliche Umwelt in Gestalt rollender Baumstämme oder Steine die Menschen zur Erfindung des Rades inspiriert haben mag. Dies trifft aber nicht zu. Verbreitet ist auch die Ansicht, das Wagenrad sei eine grundlegende, eine primäre Technologie, doch letztlich ist es eine Weiterentwicklung von älteren technischen Lösungen. Die Pyramidenbauer im Alten Ägypten etwa transportierten die riesigen Steinquader auf Schlitten, deren Kufen eingefettet waren, und die über eigens dafür angelegte Rollbahnen rutschten. Sie wurden mit der Muskelkraft von Tausenden von Arbeitern bewegt. Der Transportschlitten war eine primäre Technologie, der Wagen auf Rädern jedoch eine Spezialisierung und daher sekundär.

Die Assoziation des Rades mit einem Transportmittel (Wagen) war nicht der Ausgangspunkt für seine Verwendung. Vielmehr kam der entscheidende Impuls dafür erst zu einer Zeit, als die Radtechnologie bereits in einer anderen Domäne erfolgreich zur Anwendung gekommen war, nämlich in der Töpferei.

Die Abfolge von primärer und sekundärer Technologie ist auch für andere Bereiche charakteristisch, beispielsweise bei Jagdwaffen. So gehören Speere zu den primären Technologien und sind bereits vom Frühmenschen verwendet worden (Homo heidelbergensis, Neandertaler, anatomisch moderner Mensch). Die Geschichte einer Verwendung von Speeren reicht mindestens eine halbe Million Jahre zurück. Pfeil und Bogen dagegen wurden erst relativ «spät» erfunden, und zwar gegen Ende der letzten Eiszeit. Diese Waffe ist seit rund 24 000 Jahren in Gebrauch und ein Produkt sekundärer Technologie: die Idee der primären Stoßwaffe, des Speers, wird in Kleinformat mit einem Zug- und Spannmechanismus, dem Bogen, zu einer effektiven Waffe mit Fernwirkung.

Die Erkenntnisse der Kulturgeschichte sprechen dafür, dass die Erfindung des Rades für praktische Funktionen nur in solchen Kontexten zu erwarten ist, wo bereits primäre – und möglicherweise andere sekundäre – Technologien realisiert sind.

Die Anfänge des Töpferrads in Alteuropa

Der früheste Nachweis von Entwicklungsphasen primärer und sekundärer Radtechnologie ist mit der Donauzivilisation assoziiert, die in der jüngeren Zivilisationsforschung als die älteste der frühen Hochkulturen der Welt identifiziert wird (Anthony 2009 b; Haarmann 2020).

Der Übergang vom Mesolithikum zum Neolithikum, von der Wirtschaftsform des Jagens und Sammelns zum Pflanzenanbau, setzte in Südosteuropa im 8. Jahrtausend v. u. Z. ein und erreichte um die Mitte des 7. Jahrtausends v. u. Z. einen ersten Höhepunkt. Damals entstanden im Küstengebiet der Ägäis (in Thessalien) die ersten Dorfgemeinschaften, und deren Bewohner waren sesshafte Ackerbauern (Weninger u. a. 2014). Das «Agrarpaket» (Pflanzenanbau in Verbindung mit sesshaft-agrarischer Lebensweise) verbreitete sich von Thessalien aus ins Inland, nach Norden und Nordwesten.

Die Anfänge der Donauzivilisation liegen um 6500 v. u. Z. Die Donau entwickelte sich zum Transportweg für den aufblühenden Handel. Mit zahlreichen Nebenrouten über die Nebenflüsse entstand ein weit ausgedehntes Netz für den Warenverkehr sowie für den Aus-

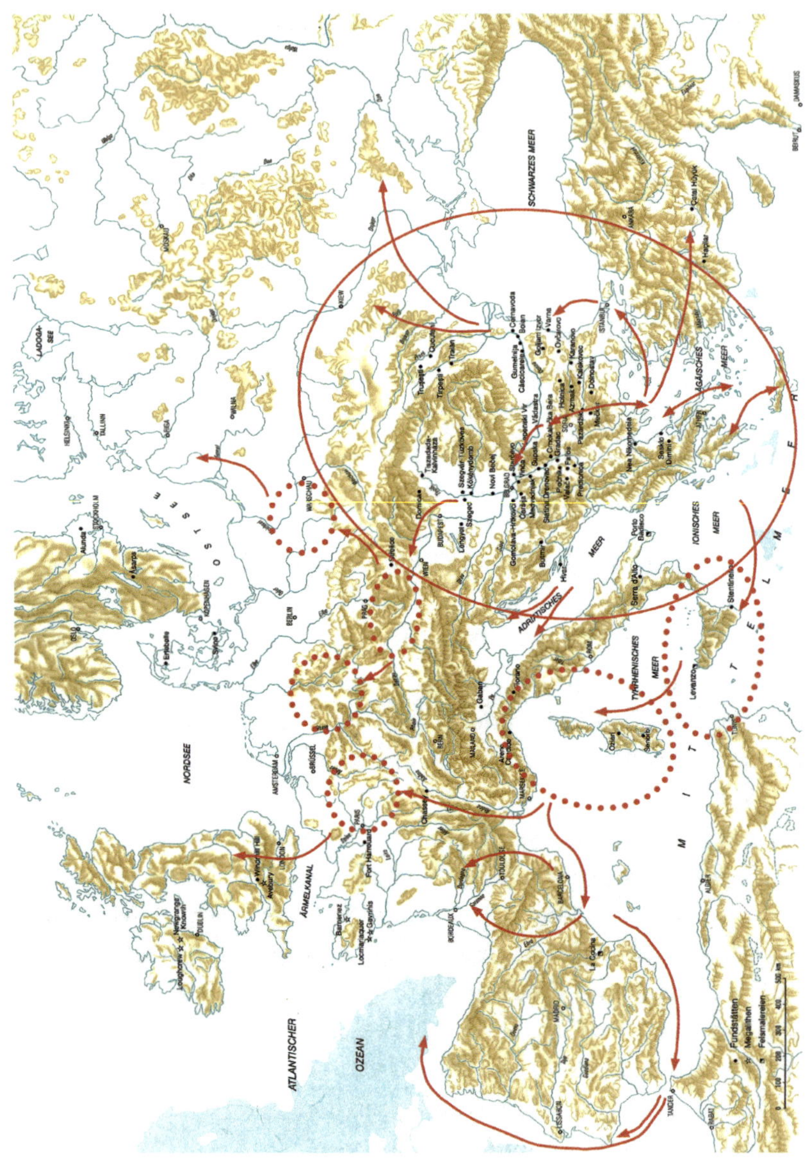

Das Kernland Alteuropas und die Vernetzung der Wirtschaftsräume: Routen des alteuropäischen Binnenhandels und der Kontakte über das Kerngebiet hinaus (Haarmann/LaBGC 2021: 11)

tausch von Ideen und Kulturgütern. Das Einzugsgebiet der Donauzivilisation erstreckte sich während der Blütezeit (5. und 4. Jahrtausend v. u. Z.) von der Region um Wien im Westen bis in die Gegend von Kiew im Osten und bis weit in den Süden in die Inselwelt des Ägäischen Meeres.

Das Verkehrsnetz erweiterte sich über die Flussläufe in die küstennahen Gewässer des Mittelmeers, in die ägäische Inselwelt bis Kreta, über die Meerenge des Bosporus ins Schwarze Meer, über das Ionische Meer in die Adria und ins westliche Mittelmeer. Der Seehandel machte die Entwicklung seetüchtiger Schiffe erforderlich. Die Schiffbauer Alteuropas konnten sich nicht am technologischen Wissensstand im Nahen Osten orientieren, denn es sollte noch Jahrtausende dauern, bis sich dort die Schifffahrt entwickelte. Die Schiffe der alteuropäischen Kaufleute waren somit originale Konstrukte, und dementsprechend ist auch die frühe Terminologie des Schiffbaus in dieser Weltregion gekennzeichnet durch Ausdrücke vorgriechischer (= nicht-indoeuropäischer) Prägung. Das frühe Know-how der Schiffbauer an den Küsten Alteuropas hat langfristig Spuren hinterlassen, nämlich in vorgriechischen Lehnwörtern im Altgriechischen (Haarmann 2018).

Im Milieu der Donauzivilisation sind noch eine Reihe weiterer technologischer Errungenschaften entwickelt worden – Ersterfindungen, die es damals noch nirgendwo sonst auf der Welt gab. Findige Alteuropäer waren es, die einen Brennofen mit zwei Kammern entwickelten, der das Brennen von Tonware und Keramik bei hohen kontrollierbaren Temperaturen erlaubte. Eine untere Kammer wurde mit Brennmaterial gefüllt und angeheizt. Die heiße Luft stieg durch einen durchlöcherten Zwischenboden in die Brennkammer, wo Tonbehälter hart gebrannt wurden. In den Brennkammern konnte eine Temperatur von über 1000° erreicht und gehalten werden, und zwar durch Anblasen der Glut in der unteren Kammer.

Dass im Brennofen hohe Temperaturen kontrolliert werden konnten, machte es möglich, den Ofen in einer sekundären funktionellen Erweiterung zu verwenden, nämlich um Metall zu schmelzen. Der Durchbruch zur Schmelztechnik wurde für Kupfer zuerst im Süden des heutigen Serbien erreicht, wo sich die frühesten Spuren in die Zeit um 5400 v. u. Z. datieren lassen. Es sollte noch einige Jahrhunderte dauern, bevor auch Gold eingeschmolzen und zu kunstvollen Objekten verarbeitet wurde. Von der Fertigkeit der frühen Goldschmiede legt der älteste Goldschatz der Welt mit Objekten aus der neolithischen Nekropole von Varna um 4500 v. u. Z. ein beredtes Zeugnis ab.

Angesichts der rasanten technologischen Entwicklung in den Regionalkulturen der Donauzivilisation ist es kaum verwunderlich, dass sich in Alteuropa das Tor der Kulturgeschichte in die Welt der Schriftlichkeit geöffnet hat. Die Datierung der ältesten beschrifteten Objekte von Fundstätten in Tartaria und Turdas (Transsilvanien, Rumänien) weist in den Zeitraum um 5300 v. u. Z. Die Anfänge eines systematischen Gebrauchs von Zeichen mit konventionsgebundener Bedeutung in der Donauzivilisation liegen um rund zwei Jahrtausende vor dem Beginn der Verwendung von Schrift im Alten Ägypten oder in Mesopotamien. Allerdings ist diese «Donauschrift» bislang noch nicht entziffert.

Die visuelle Kommunikation mithilfe konventioneller Zeichen setzt abstraktes Denken voraus – eine Fähigkeit, die die Alteuropäer auch auf einem anderen Gebiet demonstriert haben. Sie haben für ihre Kreativität einen beeindruckenden visuellen Beweis erbracht, nämlich im hohen Niveau ihres künstlerischen Designs. Die Kunstfertigkeit und das Geschick der alteuropäischen Töpfer im 5. und 4. Jahrtausend v. u. Z. stehen als herausragende Kulturleistung für sich und bleiben in der Alten Welt unübertroffen. Exemplarisch tritt die Perfektion im Umgang mit abstrakten Mustern und Motiven in der Dekoration von Keramik aus der Regionalkultur von Cucuteni-Trypillja in Erscheinung. Das Dekor ist hochgradig abstrakt, und die Motive sind nach dem Prinzip absoluter Symmetrie organisiert. Aus jener Zeit stammen auch exquisite Keramikgefäße, deren Formenreichtum von atemberaubender Vielfalt ist.

Es gab zwar seit dem 7. Jahrtausend v. u. Z. Töpferei (in groben, am Lagerfeuer gehärteten Formen bei den Steppennomaden Eurasiens und auch im Nahen Osten), doch so exzellente Qualität in der Aus-

Eine exquisite Gefäßform mit anspruchsvollem Spiraldekor aus der Cucuteni-Kultur, 5. Jahrtausend v. u. Z.

führung von Gefäßformen und Dekor wie im Osten der Donauzivilisation findet man in der damaligen Zeit nirgendwo sonst. Besonders beeindruckend ist die Vielfalt der Gefäße, die nicht für den Alltagsgebrauch, sondern für festliche Anlässe bestimmt waren. Dabei handelt es sich um «... technisch anspruchsvolle Töpferware, aus hochwertigen Tonsorten gemacht und bei sorgfältig kontrollierten Temperaturen gebrannt, ... Dutzende von verschiedenen Typen von Tonware (Schalen, Krüge, Töpfe, Konsolen zum Aufstellen von Töpfen, Vorratsbehälter usw.), die für eine zeremoniale Verwendung zu bestimmten sozialen (kommunalen) Anlässen hergestellt wurden» (Anthony 2009 a: 30).

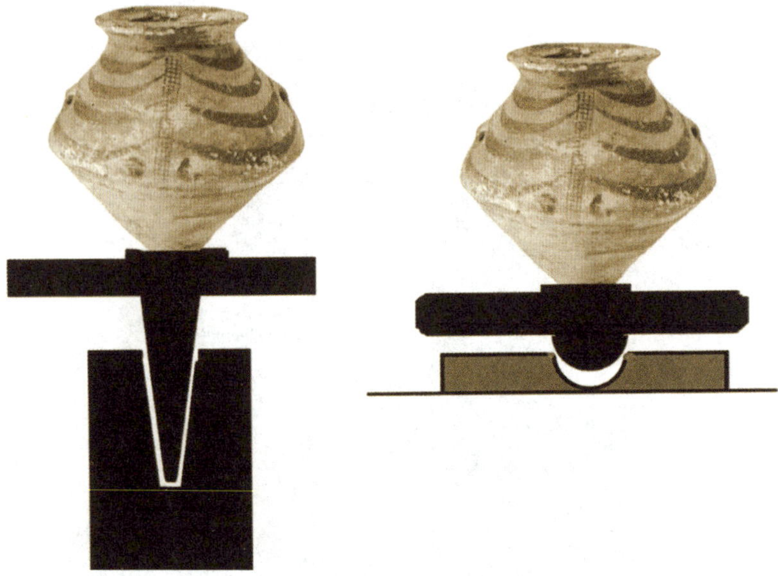

Alternative Möglichkeiten für die Anwendung des Töpferrads in der Keramikproduktion Alteuropas; Trypillja-Regionalkultur in der westlichen Ukraine

Das Geheimnis der Herstellung dieser Spitzenprodukte ist die Verwendung des Töpferrads. Nur wenn das Werkstück auf einer drehbaren Plattform steht und der Töpfer beide Hände frei hat für die Feinarbeit, kann es gelingen, gleichmäßig dünne Wandungen für Gefäße zu formen und beim Auftragen von Motiven und Mustern des Dekors auf die Außenseiten die intendierte symmetrische Platzierung zu erreichen. Hier zeigt sich der technische Entwicklungssprung in der Keramikherstellung.

Der älteste Fund eines Töpferrads stammt aus einer Siedlung der Trypillja-Kultur (Varvarovka) in der heutigen Ukraine und datiert ins 5. Jahrtausend v. u. Z. (Videjko 2008: 16). In der Töpferwerkstatt von Varvarovka wurde eine wahrhaft sensationelle Entdeckung gemacht. Man fand dort Reste einer Arbeitsplattform mit einem Töpferrad, für die zwei alternative Funktionen rekonstruiert worden sind.

– *Drehbare runde Arbeitsplattform:* Sie bestand aus einem dicken Holzpfosten mit einem Durchmesser von rund 35 cm, der ungefähr einen halben Meter im Boden versenkt wurde. Der Pfosten war in der Mitte ausgehöhlt, und in die Höhlung konnte ein Zapfen eingesetzt werden, auf dem eine runde, radförmige Arbeitsplattform montiert war. Bei der Arbeit mit seinem Werkstoff konnte der Töpfer dieses Rad nach Belieben drehen, was das gleichmäßige Ausformen der Wandungen von Gefäßen erleichterte.

– *Vergrößerung der Arbeitsplattform:* Die Konstruktion mit dem ausgehöhlten Pfosten erlaubte auch das Auflegen eines Rahmens, was den Einsatz eines breiteren Rades ermöglichte. Das bedeutete einerseits mehr Platz auch für größere Gefäße, andererseits konnte durch den Rahmen das Gleichgewicht für das drehbare Rad besser ausbalanciert werden.

Die Einführung des Töpferrads in Mesopotamien

Wenn es um zivilisatorische Errungenschaften im Alten Mesopotamien geht, denken wir spontan an die Sumerer und ihre Hochkultur. In der Tat waren die Sumerer findig und haben erfolgreich mit diversen Technologien experimentiert. Doch im Fall des Töpferrads waren es ihre Vorfahren, in deren Kulturmilieu die Verwendung des Töpferrads erstmals nachgewiesen werden kann: die Ubaid-Leute, die im 6. und 5. Jahrtausend v. u. Z. im Norden des Zweistromlandes sesshaft wurden (Haarmann 2020: 40 f.). Die Ubaid-Kultur konzentrierte sich in der Region von Samarra; dorthin weist auch die früheste Datierung eines Töpferrads im ausgehenden 5. Jahrtausend v. u. Z.

Die Funktion des Töpferrads bei den Ubaid-Leuten folgt dem gleichen Prinzip wie in der Donauzivilisation. Die mit einem Zapfen eingesetzte Arbeitsplattform konnte per Hand gedreht werden; sie wird von Archäologen «tournette» genannt. Auch in Mesopotamien wurde durch die Einführung des Töpferrads nicht nur die Formgebung der Gefäße erleichtert und verbessert, sondern auch die Dekoration auf den Wandungen, «denn die konzentrischen Bänder rings um das Gefäß wurden einfach durch das Einpressen eines mit Farbe getränkten Pinsels gegen den sich drehenden Topf gestaltet» (Nissen 1988: 46).

In der Spätphase der Ubaid-Kultur dehnte sich das Siedlungsgebiet in den Süden Mesopotamiens aus. Die Nachfahren der Ubaid-Leute, die Sumerer, bauten im 4. Jahrtausend v. u. Z. die ersten Städte und entwickelten die Technologien ihrer Vorfahren weiter. Dazu gehörte auch das Töpferrad. Nun wurde ein Rad auf einer unteren Ebene mittels einer Achse mit einer Scheibe als Arbeitsplattform auf einer höheren Ebene verbunden. Der Töpfer drehte das untere Rad mit den Füßen, was eine Drehbewegung der Scheibe oben bewirkte. Auf diese Weise konnte der Töpfer beide Hände für die Bearbeitung des Tonmaterials benutzen.

Der archäologische Befund von der Entstehung des Töpferrads in vorsumerischer Zeit wird auch von der Sprachwissenschaft bestätigt. «Der ungewöhnliche Worttyp und die Flexion, das Fehlen einer überzeugenden semitischen Etymologie sowie die Eigenschaft als ‹Kulturwort› machen einen vorsemitischen Ursprung wahrscheinlich, vielleicht aus der Sprache des Erfinders des Rads.» (Murtonen 1989: 99) Folgende Formen in den semitischen Sprachen und im Sumerischen weisen auf die vorsumerische Kulturperiode:

akkadisch *magarru* «Rad»,
ugaritisch*'apn* «Rad»,
aramäisch *'owpann* «Rad»,
syrisch *'opn* «Rad».

2.

Rad und Wagen in der Kontaktzone von Ackerbauern und Steppennomaden

Die ältesten Funde im Bereich der innovativen Transporttechnologie sind Reste von schweren Scheibenrädern und klobigen Kastenwagen. Hierzu stellen sich zwei grundsätzliche Fragen: Welche Motivation gab es, eine solche verkehrstechnische Innovation einzuführen, und welche ökologischen Bedingungen konnten überhaupt eine Verwendung von Rad und Wagen ermöglichen? Mit Bezug auf Mesopotamien sind beide Fragen negativ zu beantworten. Lasten wurden in dieser Region in der Frühzeit von Eseln transportiert, Kamele setzte man erst im Verlauf des 2. Jahrtausends v. u. Z. dafür ein. Die Verkehrsadern der Handelskarawanen im Zweistromland und an deren Peripherien waren in der Regel sandige Pisten oder feuchtes Schwemmland am Rande der großen Flussläufe, des Euphrat und des Tigris. Der Boden war in den meisten Abschnitten der Handelsrouten gar nicht hart genug, um Wagen auf Scheibenrädern zu tragen. Solche Gefährte wären bald im weichen Sand versackt, in jedem Fall wenn sich das Eigengewicht des Wagens durch aufgepackte Lasten erhöhte.

Die natürlichen Bedingungen in Mesopotamien waren also denkbar ungeeignet für die Einführung des Wagens auf Rädern, worauf bereits Renger (2004) ausdrücklich hingewiesen hat. Die Erfindung von Rad und Wagen in der sumerischen Kultur zu verorten, ist demnach nicht naheliegend und folglich nicht wahrscheinlich. Die traditionelle Forschung stützt sich auf die Abbildung eines Schlittens mit runden Konturen unter den Kufen. Eine solche Abbildung findet sich auf einem Rollsiegel aus der Stadt Uruk und wird ins ausgehende 4. Jahrtausend v. u. Z. datiert. Die Interpretation der runden Konturen als Räder ist

Archaische Tafel mit Piktogramm: Darstellung eines Schlittens auf Rollen, um 2500 v. u. Z.

jedoch umstritten. Es handelt sich vielmehr mit hoher Wahrscheinlichkeit um eine Rollbahn, bestehend aus nebeneinander platzierten Baumstämmen, über die der Schlitten gezogen wurde (siehe S. 59 f.). Ähnliche auf rollenden Stämmen gleitende Schlitten gab es im 4. Jahrtausend auch in der Region der Donauzivilisation (Trypillja-Kultur).

Ganz andere Bedingungen für die Verwendung von Rad und Wagen waren in der Eurasischen Steppe gegeben. Das flache, ebene Gelände und der harte Boden waren für den Wagen als Verkehrsmittel geradezu ideal. Günstige Geländeformen sind allerdings nicht automatisch ein Impulsgeber; es muss auch die Notwendigkeit für den Einsatz solcher Transportmittel gegeben sein. Für einen derartigen Innovationsschub bedurfte es also des Zusammenspiels noch vieler weiterer Faktoren, um eine praktische Umsetzung der Radtechnologie zu bewirken.

Die Eurasische Steppe hat eine immense – im wahrsten Sinn des

Wortes «interkontinentale» – Ausdehnung, von der Nordküste des Schwarzen Meeres bis weit nach Zentralasien hinein, über die Mongolei hinaus nach Osten, bis an die Küsten des Pazifik. In diesem weiten Umfeld gab es aber nur eine Region, wo alle wichtigen Innovationsfaktoren gebündelt waren, darunter auch die Vertrautheit mit technischem Know-how aufseiten spezialisierter Handwerker. Solche Bedingungen gab es in der Kontaktzone von Ackerbauern und Steppennomaden an der westlichen Peripherie der Steppe. Im Nordwesten des Schwarzen Meeres hatten Alteuropäer und indoeuropäische Viehnomaden seit dem 6. Jahrtausend v. u. Z. im Kontakt gestanden. Die Gründe dafür waren wirtschaftlicher Art. Es ging um den Austausch von Waren und um günstige Weidegebiete für die Herden der Steppenbewohner.

Die sprichwörtliche Mobilität der Steppennomaden begründet sich seit jeher in erster Linie mit der Absicherung ertragreicher Weideflächen für die Herden. Die ökologischen Verhältnisse im Steppenmilieu reagieren sehr empfindlich auf klimatische Schwankungen. Längere Trockenperioden bringen die Gefahr mit sich, dass Wasserstellen austrocknen und das Wachstum der Gräser zu spärlich ist, so dass der Viehbestand einer ganzen Herde gefährdet sein kann. Dann ist es unumgänglich, weiterzuziehen und die Herde auf ein anderes Gelände zu treiben. Und das kann Hunderte von Kilometern entfernt liegen. Während der Wintersaison kann es passieren, dass durch Kälteeinbrüche der Boden vereist und gefroren ist, so dass die Tiere nicht ausreichend Futter finden. Auch eine solche Situation macht es erforderlich, die Weideplätze zu wechseln und die Herde woandershin zu treiben.

Frühe Kontakte im Grenzland der Donauzivilisation

In der Region südlich des Donaudeltas gab es eine Landschaft mit üppigem Grasbestand; sie ist unter ihrem historischen Namen als Dobrudscha bekannt. Diese Gegend wurde von den Steppennomaden als Winterweide bevorzugt. Mit den Ackerbauern gab es keine Konflikte, denn das Land, das sie nutzten, erstreckte sich jenseits der Graslandschaft. Die Bauern in den anliegenden Dörfern der Donauzivilisation wussten vom Viehtrieb der Leute aus der Steppe während des Winters, und es kam zu gelegentlichen Kontakten. Solche Begegnungen waren auch der Schlüssel für die Viehnomaden, sich mit den Waren der Ackerbauern vertraut zu machen, die diese über ihre Handelsrouten transportierten. Eine der wichtigen Verkehrsadern lief über Varna an der Schwarzmeerküste; von dort führte ein Handelsweg in Richtung Norden, in das Gebiet der Trypillja-Regionalkultur. Und eben dort gelangten die Waren aus den Produktionsstätten Alteuropas zu den Steppennomaden.

Im Siedlungsgebiet der Ackerbauern gab es auch einen attraktiven Rohstoff, nämlich Salz. In der Steppe waren Stellen, wo ausreichend Salz vorhanden war, und zwar in Form von Salzstöcken, eher eine Seltenheit. Gesundes Vieh braucht nicht nur nährstoffreiches Futter, sondern auch eine bestimmte Menge an Salz und Mineralien. Bis heute ist Viehsalz ein essentieller Futterzusatz. Zusätzlich zu den Winterweiden waren folglich Plätze mit Salzvorkommen im Gebiet der Ackerbauern für die Leute aus der Steppe wichtig. Salz avancierte schon früh zu einer begehrten Handelsware. Im Jahr 2005 wurde auf dem Plateau von Provadija-Solnizata in der Nähe von Varna eine neolithische Produktionsstätte für Salz entdeckt und ausgegraben. Die Anfänge der Salzproduktion in jener Gegend gehen auf die Zeit um 5400 v. u. Z. zurück. Dies ist die älteste bekannte Stelle in Europa, wo Salz produziert wurde (Nikolov 2008). Der Rohstoff wurde mithilfe großer Behälter gewonnen, und zwar indem man die Behälter mit Salzsole füllte, anschließend das Salz auswusch und dann trockenkochte.

Es konnte nicht ausbleiben, dass die Oberhäupter der Nomadenklane aufmerksam wurden auf das Warenangebot, das von den Händlern aus der Region von Varna in die Grenzzone der Steppenlandschaft gebracht wurde. Die Chiefs (in der proto-indoeuropäischen Grundsprache als **weik-potis* bezeichnet) verwendeten Insignien, um ihren Status als politische Führer zu demonstrieren. Dazu gehörten Gürtel und Schnüre mit polierten Muschelperlen sowie polierte Steinarmbänder und Kupferringe. Das bedeutendste Requisit im Kreis der Statussymbole waren vielleicht die glänzenden Brustplatten aus Kupfer. Die Objekte aus Kupfer kamen als Handelsware aus den Schmieden der Alteuropäer.

Die Chiefs hatten nicht nur in der Nomadengesellschaft das Sagen; sie waren es auch, die im Zuge der Verdichtung der Handelskontakte zwischen den Steppennomaden und den sesshaften Ackerbauern in der Donauzivilisation ein verstärktes Interesse entwickelten, den Warenverkehr unter ihre Kontrolle zu bringen. Dafür eröffneten sich realistische Möglichkeiten, begünstigt durch die sozialen Verhältnisse der Nomadengesellschaft, die so ganz anders strukturiert war als die egalitäre Gesellschaft der Alteuropäer ohne soziale Hierarchie.

Charakteristisch für die Gesellschaft der Steppennomaden war eine hierarchische Sippenordnung, wobei jede einzelne Sippe unter der Führung eines Klan-Oberhaupts stand. Die gesamte Gemeinschaft war nach einem Drei-Kasten-System gegliedert in: (1) die Angehörigen der Priesterschaft; (2) die Angehörigen der Kriegerkaste; (3) die Mehrheit der Klan-Angehörigen. Eine solche Dreigliederung der prähistorischen Nomadengesellschaft ist schon von Georges Dumézil (1958, 1968–1973) beschrieben und dokumentiert worden. So wurden etwa in der altindischen Überlieferung die *ksatriyas* («Krieger als Schützer der Gemeinschaft») als eigene Kaste hervorgehoben. Und der Anthropologe David W. Anthony (2007: 160) stellt für die Pontokaspis, den Westen der Eurasischen Steppe, fest: «Oberhäupter *(chiefs)* treten in der archäologischen Dokumentation der pontisch-kaspischen Steppen nach ca. 5200–5000 v.u.Z. auf, als die Verbreitung von domestiziertem Vieh, Schafen und Ziegen einsetzte.»

Im Laufe der Zeit nahmen die Steppennomaden immer mehr Einfluss auf die Siedlungen der Ackerbauern an der östlichen Peripherie Alteuropas. Diese Einflussnahme wurde durch soziale Kontakte und familiäre Bindungen gefördert. Die archäologische Fundlage spricht dafür, dass es nicht im Interesse der Klan-Oberhäupter lag, die Siedlungen der Alteuropäer zu zerstören, sondern vielmehr die Warenproduktion und die Verteilung von Handelsgütern zu kontrollieren.

Für die Leute aus der Steppe ergaben sich zwei Optionen, sich die Vorteile, die der Warenverkehr aus Alteuropa bot, auf Dauer zu sichern. Die eine war die Intensivierung der sozialen Beziehungen mit den Ackerbauern. Man nimmt an, dass in der Grenzzone zwischen den Wirtschaftsräumen Gemeinschaften mit gemischt-ethnischen Familien entstanden. Leute aus der Steppe heirateten in die Familien der sesshaften Ackerbauern ein und übernahmen selbst einen Teil der Produktion und des Vertriebs der Waren in die Steppe. Die Alternative hierzu war die politische Kontrolle des Warenverkehrs und der Handelsrouten, über die Güter und technologisches Wissen transferiert wurden. Dies nahmen kleinere Gruppen von Kriegern aus der Steppe wahr, die sich bei den Alteuropäern im Grenzland als Elite etablierten.

Die Übernahme einer alteuropäischen Siedlung durch Leute aus der Steppe musste nicht unbedingt das Ergebnis von Eroberung sein. Die Präsenz berittener Krieger und die Demonstration potenzieller militärischer Macht allein reichten sicherlich aus, um die Kontrolle über ein Handelszentrum ohne Gewaltanwendung zu erlangen. (Die Ackerbauern kannten Jagdwaffen, waren allerdings nicht mit Waffen für Verteidigung oder Kriegsführung ausgerüstet.) Das haben die Griechen später auch im Rahmen ihrer Kolonisation im Mittelmeer praktiziert. Um Streitigkeiten oder gar militärische Auseinandersetzungen zu vermeiden, heirateten die Kolonisten auch dort in die Sippen der Einheimischen ein.

Älteste Experimente mit Rad und Achse (4. Jahrtausend v. u. Z.)

Besonders intensiv entwickelten sich die Kontakte an der östlichen Peripherie, im Gebiet der Trypillja-Kultur (in der heutigen Ukraine, südlich von Kiew), deren Spätphase in die Zeit zwischen 4000 und 3400 v. u. Z. datiert wird. Dies war die Region, wo die frühesten

Ägyptische Transportschlitten: Statuen von Amenophis III. (reg. 1411–1375 v. Chr.) und Teje werden in einer Prozession auf Schlitten gezogen. Wandmalerei aus dem Grab des Amenemonet in Theben-West

urbanen Agglomerationen entstanden, Megasiedlungen, die von den Archäologen «Proto-Städte» (proto-cities) genannt werden. Hier waren die geschicktesten Schmiede der damaligen Welt tätig; sie verarbeiteten mit ihrer entwickelten Technologie der Metallschmelze große Mengen an Kupfer und auch Gold.

Die Vielzahl an Handelsgütern, die über lange Strecken zu transportieren waren, entwickelte sich für die Organisatoren zu einem logistischen Problem. Vielleicht war es keine intendierte Umsetzung einer klar umrissenen Idee von Transporttechnologie, die zu den Experimenten mit Rad und Wagen führte. Wohl aber waren im Milieu der Trypillja-Kultur mit ihrem hohen technologischen Entwicklungsstand die Voraussetzungen gegeben für einen Innovationsschub, und der fand wahrscheinlich in der Kooperation von Handwerkern der Viehnomaden und Technikern der Ackerbauern seinen kreativen Nährboden.

In der archäologischen Hinterlassenschaft sind keine Wagenreste zu finden, wohl aber Trinkschalen mit Rädern und Ochsen-Protomen (Parpola 2008: 12ff.). Modelle von Wagen auf Rädern datieren in die Periode zwischen 4000 und 3500 v. u. Z. Was zur gleichen Zeit in den Werkstätten der Trypillja-Kultur hergestellt wurde, waren Lastschlitten auf Kufen, und auch von solchen Transportmitteln sind Modelle aus Ton erhalten (Balabina 2004). Vor der Entwicklung der Radtechnologie waren nicht nur in der östlichen Kulturregion der Donauzivilisation, sondern auch in einigen anderen Kulturen, etwa im mesopotamischen Uruk, Schlitten in Gebrauch, dort auf Rollen, genauer: auf rollenden Baumstämmen.

Die Lastschlitten kamen vor allem in den Siedlungen der Ackerbauern zum Einsatz. Die Wagen auf Rädern wurden in erster Linie für den Transport in der Steppenlandschaft mit ihrem harten Boden entwickelt. Der Innovationsschub mit der praktischen Umsetzung des Konzepts der Radtechnologie für das Transportwesen kam somit in einer Zeit friedlicher Kooperation zwischen Viehnomaden und Ackerbauern zur Entfaltung. Dies war eine Periode mit stabilen Lebensbedingungen, zwischen dem Ende der zweiten Migration (Kurgan II) um 3800 v. u. Z. und dem Beginn der dritten Migration (Kurgan III) um 3200 v. u. Z. Im Verlauf jener Jahrhunderte wurde das Transportwesen revolutioniert, und bald schon stellte sich heraus, dass Rad und Wagen unverzichtbar waren für das Wirtschaftsleben und die kulturelle Entwicklung. Wie die Geschichte seiner Verbreitung zeigt, wurde der Wagen auf Rädern zur Ikone einer frühen Globalisierung.

Die Kombination von Rad und Achse erscheint auf den ersten Blick naheliegend, doch gab es hierfür von Anfang an verschiedene technische Lösungen. Was die Konstruktionen von Rad und Achse und deren Rotation in Verbindung mit einem Kastenwagen – dem ältesten Wagenmodell – betrifft, so gibt es zwei Basismodelle, die beide durch archäologische Funde für die Frühzeit dokumentiert sind. Eines dieser Basismodelle wiederum tritt in zwei Varianten auf. Wir haben somit drei frühe Varianten der Rotationsbewegung von Rad und Achse:

– *Typ 1 a:* Rad und Achse sind feststehend miteinander verbunden, und die Achse dreht sich; die Verbindung ist ein rundes Loch im Rad, durch das die Achse gesteckt wird;
– *Typ 1 b*: Rad und Achse sind feststehend miteinander verbunden, und die Achse dreht sich; in der Radscheibe ist ein vierkantiges Loch ausgeschnitten, in das die Achse mit ebenfalls vierkantigem Ende festgesteckt wird;
– *Typ 2:* Das Rad ist frei um eine Achse beweglich, während die Achse selbst am Wagenkasten befestigt ist.

Wenn Rad und Achse fest miteinander verbunden sind, bewegen sich beide Räder gleich viel; dabei dreht sich das Rad in der Innenkurve jedoch fast auf der Stelle und bewirkt einen Bremseffekt. Das Prinzip mit feststehender Achse und frei beweglichen Rädern erleichtert die Fahrt um Kurven; das Rad in der Innenkurve bewegt sich wenig, das Rad in der Außenkurve dagegen deutlich mehr. So hat sich diese Variante schnell und am weitesten verbreitet. «Der eindeutigste Beweis für den nachhaltigen Einfluss des Rads war die Geschwindigkeit, mit der sich die Wagentechnologie verbreitete, in der Tat so schnell, dass wir nicht einmal sagen können, wo genau das Prinzip von Rad und Achse erfunden wurde.» (Anthony 2007: 73)

Vom Scheibenrad zum Speichenrad

Es war naheliegend, Hartholz wie zum Beispiel Buche als Material für Räder zu wählen. Die verschiedenen Bauarten der Räder ergaben sich aus Erfahrungswerten beim praktischen Gebrauch von Wagen auf Rädern. In der Entwicklung der Scheibenradtypen sind verschiedene Phasen zu unterscheiden:

– *Vollräder als Ganz- bzw. Vollscheiben:* Die ersten Räder waren Scheibenräder. Solche aus einem Stück geschnittene Räder sind zwar robust, doch wenn sie einreißen, brechen sie leicht auseinander. Da Wagenräder für eine effiziente Rollbewegung einen gewissen Umfang brauchen, sind zudem dicke Baumstämme erforderlich, die nur in bestimmten Vegetationszonen zu finden sind. Ganzscheibenräder wurden noch bis ins 20. Jahrhundert in ländlichen Gebieten Anatoliens verwendet.

Einfache und robuste Radtypen: Ganzscheibenrad

– *Vollräder aus zwei halbrunden Scheiben:* Zwei Halbscheiben wurden mit den geraden Kanten so zusammengefügt, dass die Naht genau auf der Linie des Achsenlochs verlief. Die Befestigung waren Klammern (in der Anfangszeit längliche Hartholzklötze, später Metallriegel) auf beiden Seiten des Achsendurchlasses. Vollräder aus

Rad aus zwei halbrunden Scheiben: Das Ljubljana Marshes Wheel wurde mit Achse in Stare Gmajne bei Ljubljana in Slowenien gefunden und ist eines der ältesten hölzernen Räder der Welt, um 3100 v. u. Z.

Halbscheiben waren für das frühe Wagenmodell mit vier Rädern in Mesopotamien in Gebrauch. Solche Wagen sind zum Beispiel auf der Standarte von Ur abgebildet (siehe Kapitel 3).

– *Vollräder mit Scheiben aus drei Komponenten:* Dreisegmentige Konstruktionen waren stabiler als Räder, die aus zwei Halbscheiben zusammengesetzt waren. Der Druck auf das Wagenrad, den das Gewicht der Last auf der Tragfläche bewirkte, konnte beim Komponentenrad besser verteilt werden. Es gab ein größeres Mittelstück und zwei kleinere Teilscheiben an jeder Seite. Das Mittelstück, durch das die Achse führte, war an beiden Enden abgerundet. Auch bei dieser Konstruktion dienten Querhalterungen mit Klammern als Befestigung (Mallory/Adams 1997: 640f.).

Im mesopotamischen Ur wurde ein hölzernes Scheibenrad aus drei Komponenten mit Achse gefunden.

Die Erfahrung mit Scheibenrädern führte über verschiedene technische Verbesserungen zum Speichenrad, das sich als stoßfester und haltbarer erwies. Speichenräder sind nicht mehr abhängig vom Durchmesser eines Baumstamms oder einer Halbscheibe, denn für den Bau werden Komponenten – Rundhölzer für den Radlauf und die einzelnen Speichen – gefertigt und zusammengebaut.

Damit kann der Durchmesser eines Rades beliebig erweitert werden. Bei Grabungen an diversen Orten sind Reste von Rädern ganz verschiedener Größe gefunden worden, mit einem Durchmesser bis zu 80 Zentimetern. Kleinere, dicke Speichenräder waren insbesondere

Nabe und Speichen eines ägyptischen Wagenrads aus der 18. Dynastie, um 1540–1292 v. u. Z.

für Transportkarren in Gebrauch, große Laufräder dagegen waren typisch für das Modell des Streitwagens.

Wann genau die ersten Speichenräder hergestellt wurden, ist nicht bekannt. In jedem Fall aber sind Räder mit solcher Komponentenbauweise deutlich älter als die Räder des frühesten zweirädrigen Streitwagenmodells von Sintashta (siehe Kapitel 4), das um 2000 v. u. Z. datiert wird. Auf Abbildungen sind Speichenräder bereits an vierrädrigen Wagen zu sehen. Speichenräder und Ganzscheibenräder wurden eine Zeitlang als parallele Modelle verwendet, bis das Speichenrad die ältere Technologie im 3. Jahrtausend v. u. Z. in der Eurasischen Steppe ablöste.

Speichen verstärken die Spannkraft der Felge, indem sie den Druck auf die Radnabe verlagern. Die ältesten Speichenräder waren solche mit vier Speichen. Bis heute ist diese Bauart für zweirädrige Transportkarren in Indien und in ländlichen Gebieten Chinas gebräuchlich.

Eine erhöhte Druckverlagerung von der Felge auf die Nabe wurde bei Rädern mit sechs Speichen möglich. Sechs Speichen waren die Standardausführung für Streitwagen. In der Spätzeit dieser Kriegsmaschine wurden auch Räder mit acht Speichen gefertigt, so für assyrische Streitwagen seit Mitte des 8. Jahrhunderts v. u. Z.

Eine Weiterentwicklung der hölzernen Speichenräder waren jene mit Metallverstärkung. Die Verstärkung der Felgen mit Metall sowie die Montage von Metallklammern stammen erst aus der Bronzezeit (ausgehendes 3. und 2. Jahrtausend v. u. Z.). Eisen kam als Material dafür spät, und zwar im Verlauf des 1. Jahrtausends v. u. Z., auf.

Die frühesten Wagen

Angesichts der Tatsache, dass der Transport von Waren aus der Region der Ackerbauern in die Steppe vor allem für die Viehnomaden von Vorteil war, ist es naheliegend, dass unter ihnen die Initiatoren für die Experimente waren. Denkbar ist dabei eine Zusammenarbeit mit technisch versierten und am Warenverkehr interessierten Menschen Alteuropas. Das gelungene Endprodukt war ein vierrädriger Kastenwagen.

Solche Wagen brauchten auf den weiten Strecken durch die offene Graslandschaft bei der abendlichen Rast nicht entladen zu werden. Die Zugtiere wurden ausgespannt, das Kastengehäuse schützte die Waren vor Wind und Wetter. Am nächsten Morgen konnten sie einfach weitergezogen werden. Lasttieren dagegen musste ihr Gepäck nach einem langen Marsch abends abgenommen werden, um den Tieren Ruhe zu gönnen; wenn es weiterging, erfolgte dann das erneute Aufladen auf den Rücken der Tiere.

Die neue Technologie erweiterte und erleichterte zudem den Aktionsradius der Viehnomaden. Denn sie ermöglichte «den Transport von tragbaren Dingen, die vorher nie in größeren Mengen transportiert worden waren – Schutzeinrichtungen, Wasser und Nahrung. Viehhalter, die immer in den bewaldeten Flusstälern gelebt hatten und

Rekonstruktion des ältesten Wagenmodells im nördlichen Schwarzmeerraum

ihre Herden zurückhaltend am Rande der Steppe grasen ließen, konnten jetzt ihre Zelte, Wasser und Nahrungsvorräte zu entfernten Weidegebieten bringen, weit weg von den Flusstälern. Der Wagen war ein mobiles Zuhause, das es den Viehhaltern erlaubte, ihren Tieren tief ins Weideland zu folgen und in der offenen Landschaft zu leben.» (Anthony 2007: 73)

Kurze Chronologie des Wagenbaus:

- Man hätte vermuten können, dass zunächst einfache zwei- oder einrädrige Schub- oder Zug-Wagen entwickelt wurden. Die ersten Wagen waren aber, das zeigen die archäologischen Befunde, solche mit vier Rädern. Vielleicht war für die Weiterentwicklung das Vorbild des rollenden Lastschlittens maßgebend.
- Es dauerte ungefähr tausend Jahre, bis um die Mitte des 3. Jahrtausends v. u. Z. auch Wagen mit zwei Rädern entwickelt wurden. Erste

Nachweise stammen aus Mesopotamien und aus Indien. Dies waren zunächst einfache Kastenwagen für den Transport von Lasten.

- Der ebenfalls zweirädrige Streitwagen dagegen hatte eine andere Plattform, denn damit wurden ja keine Lasten befördert, sondern der Platz war reserviert für einen Wagenlenker und einen Krieger.
- Alle diese Wagentypen wurden von Tieren gezogen, von Ochsen, Pferden oder Rentieren (im Norden Europas). Personen wurden erst seit der Einführung des Streitwagens um 2000 v. u. Z. befördert.
- Erst seit dem 2. Jahrhundert u. Z. sind in China Schubkarren mit zwei Rädern in Gebrauch, die von Menschen geschoben werden. Bei Karren, die von Tieren gezogen wurden, war eine Deichsel in der Mitte unter dem Chassis montiert. Die von Menschen bewegten Karren hatten an beiden Seiten zwei lange, nach vorne herausragende Stangen mit Griffen.
- Mit großer zeitlicher Verzögerung entstanden auch Karren mit nur einem Rad. Die ältesten stammen aus dem antiken Griechenland. In Inventurlisten für die Bauarbeiten am Heiligtum von Eleusis aus den Jahren 408 und 407 v. u. Z. wird ein einrädriges Fahrzeug (*hyperteria monokyklou*) erwähnt (Lewis 1994: 470 ff.). Wagen mit zwei Rädern wurden *dikyklos* genannt, solche mit vier Rädern *tetrakyklos*.
- Weitere Erwähnungen von Schubkarren stammen erstaunlicherweise erst aus dem späten Mittelalter, aus dem 12. und 13. Jahrhundert. Solche Karren sind seither in der Landwirtschaft, im Baugewerbe und auch im Bergbau verwendet worden.

Zugtiere für Wagen und Karren (ab ca. 3500 v. u. Z.)

In der Anfangszeit wurden die schweren, klobigen Kastenwagen mit vier Rädern von Ochsen gezogen. Dies war so bei den Steppennomaden wie bei den Ackerbauern im Osten Alteuropas. Die Viehhaltung (von Kühen, Schafen und Ziegen) war bei den Nomaden die wich-

Kupfermodell eines Wagens mit Rindergespann aus Zentralanatolien, zweite Hälfte des 3. Jahrtausends v. u. Z.

tigste Wirtschaftsform, von den Ackerbauern wurden diese Tiere zusätzlich zum Pflanzenanbau gehalten.

Karren für den Transport von Lasten wurden weiterhin von Ochsen gezogen, auch nachdem man dazu überging, Pferde als Zugtiere einzusetzen. In den Kreis der Zugtiere wurden auch Esel aufgenommen, vor allem in Anatolien sowie im Nahen und Mittleren Osten.

Als Zugtiere für die Weiterentwicklung des zweirädrigen Karrens wurden bei den Viehnomaden zunehmend Pferde verwendet. Für das Manövrieren von Streitwagen waren sie dann wegen ihrer Schnelligkeit und Wendigkeit unabdingbar. Als diese Kriegsmaschine zur Perfektion entwickelt worden war, wurde auch dem Training von Zugtieren besondere Beachtung geschenkt. Aus Ägypten sind für das 14. Jahrhundert v. u. Z. eigene Fabrikhallen für die Fertigung von Streitwagen und Reitställe für die Ausbildung der Zugpferde bezeugt (siehe Kapitel 4).

Zweirädriger Pferdewagen aus Tassili N'Ajjer (Algerien), Felsbild um 1500 v. u. Z.

In Indien und China wurden Wasserbüffel im Transportwesen eingesetzt. Im Unterschied zum afrikanischen Wasserbüffel, der wild und unzähmbar geblieben ist, ist der asiatische Wasserbüffel schon früh domestiziert und für die Feldarbeit verwendet worden.

Besondere Umweltbedingungen verlangen die Erschließung besonderer tierischer Ressourcen für den Transport. So zeigen uns Felsenbilder in Zentralasien, dass dort Kamele eingesetzt wurden, um vierrädrige Wagen zu ziehen.

Ein bronzezeitliches Felsbild aus der Mongolei überrascht mit der Darstellung eines Karrens auf zwei Rädern (jeweils mit vier Speichen), der von einem Rentier (oder Hirsch?) gezogen wird.

In Lappland sind Rentiere seit jeher als Zugtiere benutzt worden, nicht nur von Schlitten im Winter, sondern auch von leichten Karren und Wagen für geringe Lasten oder den Personenverkehr. Gespanne mit Rentieren kann man bis heute in den ländlichen Siedlungen im

Ein Kamel als Zugtier: Felsbild der Bronzezeit aus Arpa Uzen, Zentralkasachstan, 2. Jahrtausend v. u. Z.

Norden Finnlands, Schwedens und Norwegens sehen, und von Rentieren gezogene Schlitten und Wagen sind die große Attraktion für ausländische Touristen.

Der älteste Spezialwortschatz für Räder und Wagen

Die frühe Spezialterminologie der bahnbrechenden Radtechnologie formierte sich in der Sprache der Steppennomaden, sie gehört zu den Stammwörtern im proto-indoeuropäischen Grundwortschatz. Von diesem Wortschatz leiten sich die lexikalischen Inventare der indoeuropäischen Einzelsprachen späterer Zeit ab. Der frühe Wortschatz der Transporttechnologie ist somit in späteren sprachlichen Entwicklungsstufen erhalten.

Hier stellt sich die wichtige Frage, wieso die Basisterminologie für Rad und Wagen indoeuropäisch geprägt ist. Es ist anzunehmen, dass es nicht allein geschickte Steppennomaden waren, denen der Durchbruch in der Innovation der Transporttechnologie gelang. Im bikulturellen und bilingualen Milieu der Megasiedlungen in der regionalen Trypillja-Kultur (siehe oben) lag Kooperation auf der Hand, und für die Experimente mit Rad und Wagen wurde das bei Steppennomaden und Ackerbauern verfügbare Know-how mobilisiert. Es kam ein Faktor ins Spiel, der mit der technischen Entwicklung direkt nichts zu tun hatte. Dies war das funktionale Kräfteverhältnis der Kommunikationsmedien, die von den mit der Transporttechnik befassten Personen verwendet wurden: des Proto-Indoeuropäischen und des Alteuropäischen.

Das Alteuropäische, die Sprache der sesshaften Ackerbauern, war mit dem Indoeuropäischen nicht verwandt. Als die Viehnomaden die Kontrolle über die Gemeinwesen der Ackerbauern an der östlichen Peripherie Alteuropas übernahmen, stellten die Leute aus der Steppe die Elite, und ihre Sprache gab im zweisprachigen Milieu den Ton an. Diese Elitefunktion war sicherlich so gewichtig, dass das in Proto-Indoeuropäisch ausgebildete Vokabular die Rolle einer dominierenden Terminologie übernahm. Möglicherweise wurde auch die neue Transporttechnologie – Wagen auf Rädern – zunächst von Steppennomaden praktisch eingesetzt, und die Alteuropäer stellten erst weitere Experimente an, bevor auch bei ihnen Rad und Wagen in Gebrauch kamen (siehe S. 48).

Im Wortschatz der indoeuropäischen Grundsprache werden mehrere Ausdrücke für den Begriff «Rad» unterschieden (Parpola 2008: 4 ff.):

*k^{w}ek^{w}lóm/*k^{w}ók^{w}los > altnordisch, altenglisch, altindisch, avesta usw.; daraus entwickelte sich z. B. engl. _wheel_

_h$_{2/3}$urgis_ > hethitisch, tocharisch

dhroghós > altirisch, griechisch, armenisch; daraus entwickelte sich u. a. armen. _durgn_ «Töpferrad»

róth$_{2}$oleha > altirisch, kymrisch, lateinisch, althochdeutsch, litauisch, lettisch, albanisch, avesta, altindisch; daraus entwickelte sich z. B. dt. *Rad*

Eine Erklärung für die Variationen der Radbenennungen mag sein, dass die Radtechnologie nicht auf einer einmaligen Erfindung, sondern auf einer Kette von Experimenten mit Rad und Achse beruht (Huld 2000: 95). Der Wagen mit Rädern wäre damit das Endprodukt einer längeren Entwicklungszeit, und in der technischen Terminologie, die in den indoeuropäischen Sprachen erhalten ist, spiegelt sich dieser Sachverhalt (Raulwing 2000).

Mit den Migranten der dritten Kurgan-Migration, die um 3200 v. u. Z. einsetzt (siehe Kapitel 3), wanderte auch der Spezialwortschatz der Transportterminologie, und zwar nach Westen (westliches Europa), nach Süden (Südosteuropa) und nach Osten (Zentralasien und Indien). Das Vokabular für Rad und Wagen ist für die meisten Sprachzweige des Indoeuropäischen dokumentiert, allerdings in ungleichmäßigem Erhaltungszustand, in einigen Zweigen vollständiger, in anderen eher bruchstückhaft.

Am vollständigsten hat sich das ursprüngliche Vokabular für Rad und Wagen im Altindischen erhalten. Auch im Germanischen leben die meisten technischen Ausdrücke weiter. Lediglich fragmentarisch ist die Terminologie in anderen Regionalkulturen bewahrt, so im Keltischen, Baltischen oder Griechischen. Im Fall des Griechischen lassen sich konkrete Gründe anführen, weshalb von der ursprünglichen Terminologie auf indoeuropäischer Basis nur Fragmente tradiert worden sind (siehe S. 49).

Die Weiterentwicklung in der Trypillja-Region

Wenn die Leute in den Siedlungen der Ackerbauern eine alteuropäische Sprache sprachen, die ganz anders war als die Sprache der Leute aus der Steppe, dann wäre es denkbar gewesen, dass sie die Terminologie indoeuropäischer Prägung einfach übernahmen. Tatsächlich war die Entwicklung aber eine andere.

Im Laufe des Austausches mit den Steppennomaden machten sich auch die Ackerbauern die Innovation der Transporttechnologie zunutze. Obwohl die Verwendung von Lastschlitten zunächst ein wesentlicher Faktor im Transportwesen blieb, richteten die Leute von Trypillja ihre Aufmerksamkeit darauf, das robuste und klobige Modell des Kastenwagens weiterzuentwickeln, um ein Gefährt zu bekommen, das sowohl auf den Handelsrouten als auch in den Siedlungen Alteuropas verwendet werden konnte. Das Ergebnis der weiterführenden Experimente waren ein vierrädriger Wagen leichterer Bauart und eine neue Variante, ein zweirädriger Wagen.

Anthony (2007: 72) entwirft dazu folgendes Szenario: «Obwohl die frühesten Wagen langsam und klobig waren und möglicherweise ein Reservegespann trainierter Ochsen erforderten, war es einzelnen Familien möglich, Dünger auf die Felder zu schaffen und Feuerholz, Proviant, Ernteerträge und Personen zurück nach Hause zu bringen.» Es gibt keine zusammenhängenden archäologischen Befunde, die diesen Entwicklungsgang an der Peripherie Alteuropas dokumentieren. Insofern könnten die obigen Überlegungen zu weiterführenden Experimenten im Wagenbau bei den Alteuropäern rein spekulativ bleiben. Stützende Anhaltspunkte liefern uns aber Erkenntnisse der historischen Sprachwissenschaft. Es hat sich nämlich neben der indoeuropäischen Transportterminologie ein Begriffsinventar in alteuropäischer Sprache ausgebildet, und dies ist in Resten im Lehnwortschatz des Altgriechischen erhalten. Alte Entlehnungen im Griechischen sind an zwei Kriterien zu erkennen: für die entlehnten Ausdrücke gibt es keine Parallelen in den verwandten indoeuropäischen Sprachen, und die Lautstruktur solcher Wörter weicht von den typischen Lautentwicklungen des Griechischen ab.

Betrachtet man den technischen Lehnwortschatz im Vergleich, hebt sich der Entwicklungsschub vom Wagen mit vier Rädern zu einem Modell mit zwei Rädern deutlich ab (siehe Eintragungen im etymologischen Wörterbuch des Griechischen bei Beekes 2010, spezielle Aufstellungen bei Haarmann 2014):

– Terminologie mit Bezug auf einen vierrädrigen Wagen:
  amanan/amaxan «Wagen (mit vier Rädern)»
  amaxa «Chassis eines vierrädrigen Wagens»
  ampux «Reif eines Rads»
  apene «vierrädriger Kastenwagen»

– Terminologie mit Bezug auf einen zweirädrigen Wagen:
  kapana/kapane «Wagen» (in Thessalien übliche Benennung)
  lampene/lapine «gedeckter Wagen» (Thessalien)
  morgos «Korb eines zweirädrigen Gefährts, mit dem Stroh und Spreu transportiert wurden»
  othiza «von Maultieren gezogener Wagen»
  satinai «zweirädriger Wagen; Kutsche» (für den Gebrauch von Frauen)
  smyliche «Loch im Joch der Zugtiere, in das die Deichsel für einen zweirädrigen Wagen eingepasst wird»

Auch wenn man die Liste der indoeuropäischen Basiswörter für den Wagenbau mit der Liste der alteuropäischen Fachausdrücke vergleicht, wird klar, dass es sich nicht um parallele Listen mit äquivalenten Ausdrücken handelt, sondern um zwei selbstständige Inventare mit jeweils spezialisierten Ausdrücken, die offensichtlich eigenständige technologische Entwicklungen reflektieren. Die indoeuropäische Liste ist mit elementaren Begriffen der Wagenterminologie assoziiert, während die alteuropäische Liste eher spezielle Bezeichnungen enthält.

Wie erklärt sich die Existenz einer Wagenterminologie, die zwei verschiedenen sprachlichen Quellen entstammt? Haben Indoeuropäer und Alteuropäer unabhängig voneinander mit Rad und Wagen experimentiert, bevor dieses technologische Kompaktpaket unter Führung der Steppennomaden realisiert wurde? Eher nicht. Denn wenn das Töpferrad tatsächlich die Erfinder des Wagenrads inspiriert hat, dann geschah dies im bikulturellen Milieu der Trypillja-Kultur, wo Proto-Indoeuropäer und Alteuropäer – so die Annahme – in Kooperation die Revolution im Transportwesen eingeleitet haben. Zweifellos profitierten beide Seiten in der Grenzzone, wo fruchtbares Ackerland in die Wald-Steppe überging, von der neuen Erfindung.

Die zweisprachige Spezialterminologie lässt sich womöglich eher wie folgt erklären: Die Experimente mit Radkonstruktionen, mit Mechanismen der Radaufhängung, mit Achsenlagerung und -drehung sowie mit geeigneten Kastenkonstruktionen für Wagen wurden von findigen Technikern aus beiden Lagern durchgeführt, und es entstand eine Primärterminologie in der Sprache der Elite, in Indoeuropäisch. Die Ackerbauern ihrerseits erprobten die frühen Wagenmodelle, sammelten Erfahrungen und machten sich in einem sekundären Innovationsschub daran, technische Verbesserungen zu erreichen. Das Vokabular spezialisierte sich dementsprechend, und zwar in Alteuropäisch. Auf diese Weise entstanden zwei Terminologien, die sich begrifflich ergänzen und nicht einfach überlappen oder gar deckungsgleich sind.

Die frühe Terminologie für den Lastschlitten und seine Teile, die die Techniker Alteuropas gewiss entwickelt hatten, ist verschollen und hat nicht weitergelebt. Dieses Transportmittel kam im Zuge der Verbreitung der Wagentechnologie außer Gebrauch.

3.

Von der Steppe in die frühen Hochkulturen: Die Verbreitung von Rad und Wagen

Der Transfer der neuen Radtechnologie in andere Gemeinschaften erfolgte in Abhängigkeit von der Mobilität indoeuropäischer Populationen und deren sukzessiven Migrationsbewegungen aus der Steppenregion (siehe unten zu den Kurgan-Migrationen). Transmissionsriemen waren hierbei entweder Handelskontakte oder eine Einflussnahme im militärischen Bereich; dies gilt etwa für die Verbreitung von Mesopotamien nach Indien, aus den Oasenstädten im Tarimbecken nach Altchina oder im Zusammenhang mit der Besetzung Ägyptens durch die Hyksos.

Die Entwicklung vom schwergängigen Kastenwagen zu leichteren, beweglicheren Modellen war langwierig. Es dauerte fast zwei Jahrtausende, bis ein leichtes zweirädriges Modell für den Einsatz als Kriegsmaschine entstanden war (siehe Kapitel 4 zur Geschichte des Streitwagens). Es existierten in den frühen Zivilisationen drei Grundmodelle von Wagen:

- der Wagen mit vier Rädern,
- der Wagen mit zwei Rädern als Transportmittel (Karre),
- der Wagen mit zwei Rädern für den militärischen Einsatz (Streitwagen).

Die ersten bildlichen Darstellungen von Wagen auf Rädern, die auf Keramikscherben aus der Anfangszeit der Transporttechnologie (ausgehendes 4. Jahrtausend v. u. Z. in Südpolen) zu finden sind, muten unscheinbar an, wenngleich sie als Dokumente für die Kulturgeschichte des Rads von fundamentaler Bedeutung sind. Auch die frühesten Bilder vom Modell des zweirädrigen Streitwagens aus dem frühen 2. Jahrtausend v. u. Z., in Felszeichnungen aus Zentralasien, zeigen nur grobe Umrisse und keine Details.

Ein deutlicher Entwicklungssprung in der figurativen Darstellung ist im Fall der Standarte von Ur aus der Zeit um 2700 v. u. Z. festzustellen. Der im Bildrelief dargestellte vierrädrige Wagen, der für Kampfeinsätze Verwendung fand, lässt vielerlei Details erkennen, sowohl was die Radkonstruktion als auch die Bauart des Wagenaufsatzes betrifft (siehe S. 59 f.). Allerdings dauert es von jener Ära bis zu verfeinerten Darstellungen des zweirädrigen Wagenmodells noch mehr als tausend Jahre.

Der vierrädrige Kastenwagen im westlichen Steppengebiet und im Kaukasusvorland

Frühe Fundorte von Wagen mit Vollrädern in der Eurasischen Steppe konzentrieren sich im Norden und Nordwesten des Schwarzen Meeres und datieren in die Zeit des 4. und 3. Jahrtausend v. u. Z. Die am besten erhaltenen Wagen als Grabbeigaben stammen aus Grabhügeln (Kurganen) in der Region des Kuban-Flusses. Dies sind die ältesten erhaltenen Wagen der Welt überhaupt; dabei handelt es sich um Originale, die mit ihren Besitzern begraben wurden.

Frühe Kontakte der Steppennomaden mit Leuten im Vorland des Kaukasus werden ins 5. Jahrtausend v. u. Z. datiert, sie sind also älter als die Erfindung von Rad und Wagen. Diese Kontakte entfalteten sich schon bald über den Warenaustausch hinaus in den sozialen Bereich, und es wurden zudem familiäre Bindungen zwischen beiden Gruppen, indoeuropäischen Viehnomaden und Kaukasiern, geknüpft. Es gibt auch hier konkrete Hinweise aus der historischen Sprachwissenschaft, nämlich Lehnwörter indoeuropäischer Prägung in den Sprachen der nordwest-kaukasischen Sprachfamilie mit ihren zwei Untergruppen, dem westlichen abchasisch-adygeiischen Zweig und dem östlichen nachisch-dagestanischen Zweig. In den kaukasischen Nehmerspra-

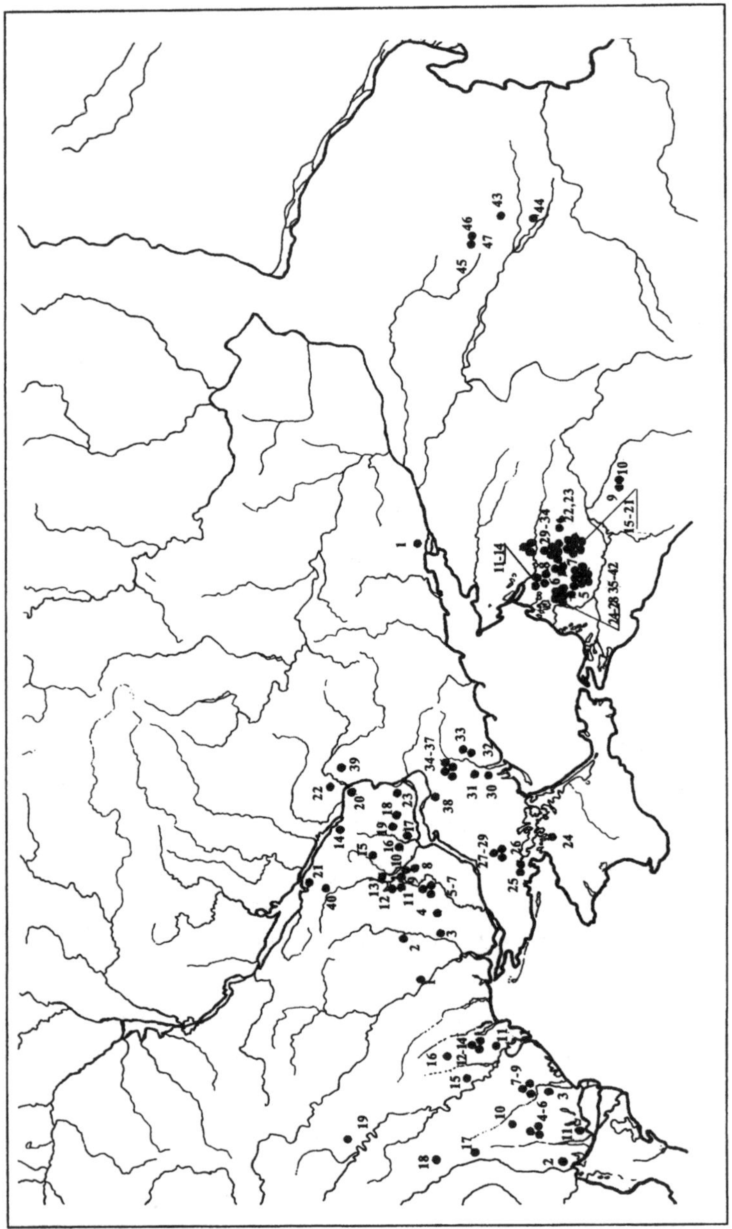

Frühe Fundstätten von Kastenwagen mit Vollrädern aus Gebieten nördlich des Schwarzen Meeres (Kuzmina 2008: 135)

chen finden sich solche Lehnwörter in verschiedenen Bereichen (Starostin 1988: 114ff., Haarmann 1996: 10f.):

- Umwelt und Existenzbedingungen des Nomadenlebens
- Viehhaltung
- Handelsbeziehungen und Warenaustausch
- Werkzeuge und Einrichtungen
- Soziale Beziehungen und intimer Wortschatz (z. B. Bezeichnungen von Körperteilen).

Die Kontakte waren von langer Dauer, aus den proto-indoeuropäisch-proto-kaukasischen Beziehungen wurden iranisch-kaukasische Beziehungen. In der zweiten Hälfte des 4. Jahrtausends v. u. Z. lernten die Kaukasier auch die Innovation im Transportwesen kennen: den vierrädrigen Kastenwagen.

Die Handelskontakte der Indoeuropäer mit den Leuten im Kaukasus entfalteten sich über zwei Routen. Die westliche Route führte durch Abchasien und Georgien nach Ostanatolien, die östliche Route mit direkter Verbindung nach Mesopotamien endete in Aserbaidschan. In der Region von Maikop mit ihrer frühen Handelsmetropole waren technisch versierte Handwerker tätig. Maikop entwickelte sich zur wichtigsten Drehscheibe für Waren aus dem Norden (Kupfer, Silber, Gold, Türkis) und aus dem Süden (Keramik, Perlen).

Waren aus dem Süden wurden von den Maikop-Kaufleuten weiter nach Norden gehandelt, bis in die Täler des Don und der Wolga. Über die Handelsroute von Maikop wurden nicht nur Waren bewegt, auch Ideen und Technologien fanden ihren Weg in beide Richtungen. Leute aus Maikop gehörten zu den ersten Händlern, die mit Kastenwagen «in die Eurasische Steppe gefahren sind» (Anthony 2007: 263). Und über die südliche Route durch den Kaukasus gelangte die Kunde von der neuen Transporttechnologie in den Mittleren Osten.

Mesopotamien: Vom Lastschlitten zum Wagen

Erfolgreiche Erfindungen verbreiten sich in Windeseile. Die Sumerer im Zweistromland unterhielten Handelskontakte sowohl mit den indoeuropäischen Viehnomaden in der Steppe als auch mit den Leuten in Alteuropa. Welches genau die Quelle für die Übernahme der Radtechnologie durch die Sumerer für ihr Transportwesen gewesen sein mag, ist ungeklärt. Als mögliche Verbindungen kommen die Kontakte mit den Händlern aus der Eurasischen Steppe infrage, und die liefen über die beiden erwähnten Handelsstraßen durch den Kaukasus.

Die Handelskontakte nach Maikop nördlich des Kaukasus erfuhren Auftrieb in der Zeit zwischen 3700 und 3500 v. u. Z. Eine bestimmte Ware, ein Rohstoff, war für die Leute in Mesopotamien von besonderer Wichtigkeit. Dies war Kupfer, das in immer größeren Mengen (hauptsächlich in Form von Kupfererz) über die Kaukasusrouten in den Süden transportiert wurde. Auch Gold und Bronze gehörten zu den Importgütern im Süden.

Von den Städten am Euphrat gelangten Prestigegüter nach Norden, beispielsweise aus Gold gefertigte Anhänger, Figurinen von Löwen und Stieren. Diese beiden Tiere waren typisch ikonische Motive für die Elite in Uruk. Auch bei den Leuten im Norden genossen solche Schmuckstücke besondere Wertschätzung, und sie wurden von den Chiefs der Handelsmetropole von Maikop getragen. Unter den Prestigegütern aus dem Süden waren auch Zylindersiegel. Ein solches Rollsiegel, vermutlich von einem Klanoberhaupt als Schmuckanhänger oder Talisman an einer Halskette getragen, ist im Kurgan bei Krasnogvardejskoe auf der Krim gefunden worden (Anthony 2007: 288 ff.).

Über die Vermittlung der Leute in der Steppe müssen die Alteuropäer an der östlichen Peripherie der Trypillja-Kultur auch Kontakte mit den Menschen in Mesopotamien gehabt haben. Denn aus jener Region der Ackerbauern sind Landschaftsbilder erhalten, auf denen südländische Pflanzen zu sehen sind, unter anderem Palmen, die es in jener Gegend nicht gab und von deren Existenz nur Menschen wissen konnten, die im Süden, also auf der anderen Seite des Kaukasus, gewesen waren.

Die Sumerer waren nicht die Ersten, die Kontakte zu den Händlern im Norden unterhielten. Das gilt bereits für ihre Vorgänger, die Ubaid-Leute und die Leute von Halaf; die frühen Kontakte gehen auf das 6. und 5. Jahrtausend v. u. Z. zurück. «Im frühen 5. Jahrtausend v. u. Z. dehnten sich die Siedlungen der Ubaid vom Schwemmland [im Süden] rasch in nördlicher Richtung aus und übernahmen die Kontrolle über die Agrarkultur der Halaf, die Pflanzenanbau ohne Bewässerung betrieben.» (Maisels 1999: 125)

Wie schnell die Kenntnis der Radtechnologie aus der westlichen Steppe über Maikop in den Kaukasus und nach Süden gelangte, lässt sich nicht nachweisen. Es ist aber anzunehmen, dass dies relativ bald geschah, nachdem die ersten Wagen auf den Handelsrouten durch den Kaukasus zogen. Möglicherweise dauerte es nur zwei bis drei Jahrhunderte, bis die Menschen in Mesopotamien eigene Wagen bauten. Frühe Funde datieren in die Zeit um 3200 v. u. Z. Die Kunde vom ältesten Wagenfund in Kisch, die Ende der 1920er-Jahre Verbreitung fand, hat entscheidend zur Festigung des Klischees *ex oriente lux* («Licht aus dem Osten») beigetragen. Damals waren die Wagenfunde aus der Steppe noch nicht bekannt.

Rad und Wagen sind, das haben wir eingangs schon festgestellt, für Transporte im Wüstengelände mit weichem Sand unpraktisch. Dort sind vielmehr Schlitten mit breiten Kufen sehr geeignet, wie sie bereits in vorsumerischer Zeit in Gebrauch waren und wohl auch noch zu der Zeit, als der von Ochsen gezogene vierrädrige Wagen als technischer Kulturimport aus dem Norden in Mesopotamien eingeführt wurde. Wagen waren daher bei den Sumerern in der Hauptsache als Transportfahrzeuge innerhalb der Städte gebräuchlich, nicht aber für weite Transporte durch die Wüste. Auf den Handelsrouten über Wüstenstrecken waren Karawanen unterwegs, die ihre Lasten auf Eseln transportierten. Das Kamel als Lasttier setzte sich erst im Laufe des 2. Jahrtausends v. u. Z. durch.

Fest steht, dass seit Beginn des 3. Jahrtausends v. u. Z. Wagen von

Oxford-Field Museum Expedition

THE OLDEST KNOWN WHEELED VEHICLE

Wheels—instruments of prime importance in the movement of civilization—seem to have originated among the Aryan-speaking peoples. These two solid wheels of a chariot were disinterred with the skeletons of the animals that drew it at Kish, the Sumerian city of Babylonia, built about 3200 B.C

Zeitungsmeldung um 1935 zum ältesten Wagenfund in Mesopotamien aus der Zeit um 3200 v. u. Z.

den Sumerern verwendet wurden, denn aus jener Zeit stammen Bildszenen mit einem frühen Wagenmodell. Unter den zahlreichen archäologischen Funden der sumerischen Frühzeit findet sich ein Holzkasten, der aus einem Grab (Nr. 779) in einer für Könige geschaffenen Nekropole im Stadtstaat von Ur stammt (MacGregor 2011: 103 ff.).

Ur war eine um 4000 v. u. Z. von Ubaid-Leuten gegründete urbane Siedlung, deren Kultur allerdings bis in das 6. Jahrtausend v. u. Z. zurückreicht. Das Fundstück – allgemein die «Standarte von Ur» genannt – wurde in den 1920er-Jahren von dem britischen Archäologen Leonard Woolley ans Licht gebracht; das Original ist im British Museum ausgestellt. Dieser Holzkasten ist 49,5 cm lang und 21,5 cm breit und mit Bildszenen geschmückt, Einlegearbeiten aus rotem Kalkstein und Lapislazuli. Auf der einen Seite sind Kampfszenen abgebildet, auf der anderen Seite Teilnehmer an einer Festlichkeit.

Die chronologische Rekonstruktion hat ergeben, dass die Standarte der Regierungszeit von Mesilim, einem König der 3. Dynastie von Kish, zuzuordnen ist. Dieser König genoss laut der Überlieferung in sumerischen Quellen großes Ansehen als Schlichter im Streit zwischen den Stadtstaaten Lagash und Umma. Möglicherweise stellen die Szenen auf der Standarte die Entwicklung vom Kriegsgeschehen über die Schlichtung durch Mesilim hin zur Einigung zwischen den beiden Kontrahenten dar. Als Regierungszeit von Mesilim wird die Zeit zwischen 2530 und 2500 v. u. Z. angegeben; dies entspricht der Ära der 1. Dynastie von Ur. In diesen Zeitraum lässt sich folglich die Entstehung der Standarte datieren.

Interessanterweise sind Wagen in unterschiedlichen Funktionen in den Szenen auf der Standarte abgebildet. Einerseits sieht man den Einsatz von Kampfwagen mit vier Rädern (Gilibert 2004–2005), andererseits das friedliche Vorfahren eines Wagens vor dem Herrscher.

Hier wird deutlich, dass es von Anfang an eine funktionale Teilung gegeben hat. Der Wagen wurde einerseits in einer praktischen Doppelfunktion eingesetzt, d. h. für den Transport von Lasten und als Kriegsmaschine, andererseits diente das Gefährt als Repräsentationsvehikel. Diese Dualität in der funktionalen Verteilung wiederholt sich in späterer Zeit in Verbindung mit dem weiterentwickelten Modell des Streitwagens (siehe Kapitel 5).

Die Bildszenen lassen vielerlei Details über die Konstruktion dieses ältesten Wagentyps erkennen, der von den Sumerern gebaut wurde. Der Wagen hatte zwei Achsen und vier Räder. Dies waren Vollräder, die

Kriegsszene mit zahlreichen Streitwagen auf der Standarte von Ur, ca. 2600 v. u. Z. Die Überhöhung der Figur in der oberen Reihe versinnbildlicht ihren Status als König. In der mittleren Reihe acht Soldaten, außerdem Kriegsgefangene, die weggeführt werden.

aus zwei halbrunden Scheiben zusammengesetzt waren. Als Befestigung im mittleren Teil (um die Achse herum) dienten Hartholzklammern, die die Halbscheiben zusammenfügten. Die Plattform hatte hohe Seitenwände (Brüstung), d. h. sie war ringsum geschlossen. Auf der Plattform hatte der Wagenlenker neben der Last Platz, oder auch zwei Personen. Diese zweite Person war dann später ein Kämpfer, denn diese Anordnung setzte sich auch für das Modell des Streitwagens fort.

Die Darstellungen von Wagen in den Bildszenen der Standarte sind nicht der einzige Hinweis auf die Existenz solcher Gefährte im frühen

Mesopotamien. In den Königsgräbern von Ur wurden auch Reste von Wagen selbst gefunden. Solche Grabbeigaben waren offensichtlich Repräsentationsobjekte eines Verstorbenen von hohem Rang. Die Rekonstruktion dieser Wagen ergibt, dass ihr Bau von den auf der Standarte dargestellten abweicht. Es gab zwei Varianten. Zum einen sind die Grabbeigaben vierrädrige Kastenwagen, die als Transportfahrzeuge dienten und nicht für den Kampfeinsatz geeignet waren (Zettler/Horne 1998). Zum anderen wurde auch eine Art Kutsche für den Personentransport gefunden, die zusammen mit den Zugpferden beerdigt worden war. Diese Kutsche ist ein Fundstück aus dem Grab der Prinzessin Puabi (PG 800), wo auch die Skelette von Soldaten und Dienern gefunden wurden.

Zeichenvarianten zur Wiedergabe des Begriffs ‹Wagen› in sumerischen Tontafeln mit piktographischer Schrift, ca. 3300 v. u. Z.

Aus Mesopotamien stammen die ältesten Piktogramme für den Begriff «Wagen». Die piktographische Schriftvariante ist die Vorläuferin der Keilschrift. Ihre Zeichen lassen noch gut die Konturen konkreter Objekte erkennen, während die Zeichen in der Keilschrift stark stilisiert und hochgradig abstrakt sind.

Solche piktographische Zeichen sind in den Texten auf Tontafeln aus dem Archiv des Eanna-Tempels von Uruk zu finden. Diese datieren in die Spätzeit (Uruk IVa). In den rund 3 900 Texten treten die ältesten Schriftzeichen für «Wagen» nur dreimal auf, wohingegen das Zeichen für «Schlitten» (als Transportfahrzeug) 38 Mal vorkommt. Dies deutet darauf hin, dass Wagen zwar bekannt waren, aber noch nicht so häufig gebraucht wurden wie die Transportschlitten aus älterer Zeit.

Das deutlich häufigere Auftreten des Zeichens für «Schlitten» hängt sicher auch damit zusammen, dass Schlitten in alter Zeit ebenfalls nicht nur als Transportmittel eingesetzt wurden, sondern auch als Repräsentationsfahrzeuge in religiösen Prozessionen dienten, z. B. anlässlich des Erntedankfestes. Die Dualität solcher Funktionen (praktische Transportfunktion und repräsentativ-symbolische Funktion) wurde später auf das neue Medium, den Wagen mit Rädern, übertragen.

Für praktische Zwecke (Transport leichter Lasten) wurde ein zweirädriger Karren entwickelt, der zunächst Vollräder wie der Wagen mit vier Rädern (etwa in den Bildszenen auf der Standarte von Ur) hatte, später auch mit Speichenrädern ausgestattet war. Die Räder des Karrens hatten dicke Felgen und ebenso dicke Speichen. Dieses Wagenmodell gelangte im Rahmen des technischen Ideentransfers bis nach Indien, und zwar über die Handelsroute, die vom Mittleren Osten über die iranische Hochebene bis ins Industal führte.

Mögliche Transferrouten nach Indien

Die Technologie des Wagens als Transportmittel ist, genau betrachtet, zweimal – in zwei voneinander unabhängigen und chronologisch differenzierten Innovationsschüben – nach Indien gelangt. Miniaturmodelle aus Terracotta von Wagen auf Rädern sind an Siedlungsplätzen der alten Induszivilisation gefunden worden. Es gibt auch Tierfiguren auf Rädern (Kenoyer/Meadow 2000). Solche skulpierten Darstellungen mythologischer Tiere ähneln den Miniaturen in der präkolumbischen Maya-Zivilisation (siehe Kapitel 6), mit dem Unterschied allerdings, dass sie um Jahrtausende älter sind. Für Indien wie für Amerika ist die Annahme wahrscheinlich, dass solche Figuren in einen religiösen Kontext gehörten, vermutlich als Votivgaben mit symbolischer, also nicht-praktischer Funktion.

Die ältesten Funde datieren um die Wende vom 4. zum 3. Jahrtausend v. u. Z. Die Rekonstruktion von Resten der frühesten Wagen zeigt, dass dies zweirädrige Karren waren, deren Plattformen für den Transport von Lasten eingerichtet waren. Solche Karren, die sich vom späteren Wagenmodell des Streitwagens nach ihrer Funktion klar unterscheiden, sind ab ca. 2800 v. u. Z. dokumentiert.

Das zeitliche Auftreten von Transportkarren in Indien fügt sich problemlos in die Chronologie der Wagentechnologie im Mittleren Osten ein. Da es in Indien keine entwicklungsmäßigen Vorstufen des Karrenmodells gibt, ist es schlüssig, diese Transporttechnologie als Transfer von außerhalb der Indus-Zivilisation zu werten. Aus Mesopotamien, wo die Innovation von Rad und Wagen selbst als Kulturimport aus der Eurasischen Steppe übernommen worden war, ist das Modell des zweirädrigen Transportwagens über Handelskontakte zu

Miniaturskulptur eines mythologischen Vogels auf Rädern aus der Induszivilisation, Mohenjo-Daro, 3. Jahrtausend v. u. Z.

den Ackerbauern in die Täler des Indus (mit Mohenjo-Daro als nodalem Zentrum) und des Sarasvati (mit Harappa als Knotenpunkt) gelangt. Er gehörte schon bald zur unverzichtbaren Ausstattung im Alltagsleben der dortigen Siedler.

Der Fernhandel zwischen Mesopotamien und den Siedlungen der Indus-Zivilisation lief über verschiedene Routen. Zu diesem Netzwerk gehörte eine Überlandroute quer durch das iranische Hochland. Eine zweite Route verlief entlang der Küste des Arabischen Meeres und des Persischen Golfs. Es gab auch eine Route über das Meer, mit dem Haupthafen Lothal auf indischer Seite und den Häfen von Dilmun und Sumer am Persischen Golf.

Alle Handelsrouten dienen seit jeher nicht allein dem Warenaustausch, sondern auch dem Ideentransfer. Und so gelangten über die

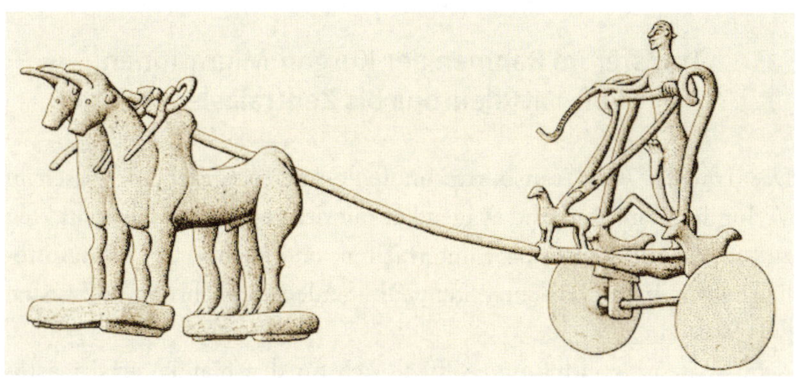

Miniaturmodell eines bronzezeitlichen Transportkarrens aus Indien

Landrouten der Transportwagen und das Konzept der Radtechnologie von Mesopotamien nach Indien.

Der zweirädrige Transportkarren hat sich in Indien mit einer erstaunlichen Kontinuität bis heute gehalten. Die Grundausstattung und die Bauart dieses Wagenmodells haben sich in den Tausenden von Jahren seiner Anwendung kaum verändert, einfach deshalb, weil beide sich seit frühester Zeit in ihrer Zweckorientiertheit optimal bewährt haben.

Ebenfalls als Fremdimport, aber in einem zeitlichen Abstand von über zwei Jahrtausenden nach der Einführung des zweirädrigen Karrens gelangte der Streitwagen mit indo-arischen Kriegern zwischen 1800 und 1700 v. u. Z. nach Nordwestindien (siehe Kapitel 5). Dieser zweite Innovationsschub in der Wagentechnologie kam aus einer anderen Richtung nach Indien als der erste Schub: Die Streitwagenleute kamen aus Zentralasien.

Transfer im Rahmen der Kurgan-Migrationen: Von Mitteleuropa bis Zentralasien

Der Transfer von Transporttechnologie und technischem Wissen in Verbindung mit Rad und Wagen hat mit den regen Handelskontakten zu tun, die die Alteuropäer unterhielten, und auch mit den Migrationen von indoeuropäischen Steppennomaden in Richtung Südwesten und Westen.

Im späten Neolithikum eröffnete sich für den Handel an der östlichen Peripherie Alteuropas eine besondere Domäne: Salz wurde zu einer begehrten Tauschware, seine Abbaugebiete lagen überwiegend im heutigen Bulgarien und in den östlichen Karpaten in Rumänien (Cavruc/Chiricescu 2006). In der Gegend von Provadija (westlich von Varna) sind die Reste einer neolithischen Salzproduktionsstätte gefunden worden. Sie datiert in das 5. Jahrtausend v. u. Z., und damit ist Provadija die älteste Stätte für Salzgewinnung in Europa (Nikolov 2005). An dieser Stelle gab es Salzquellen, die erst Anfang des 20. Jahrhunderts wiederentdeckt wurden.

Der Rohstoff Salz spielte wohl auch eine Schlüsselrolle für die Vorstöße der Steppennomaden in die Region im Nordwesten des Schwarzen Meers. Im Zuge der ersten Wanderung der sogenannten Kurgan-Leute um die Mitte des 5. Jahrtausends v. u. Z. kam es zu Bevölkerungsbewegungen in jener Region. Die Steppennomaden entwickelten besondere Bestattungssitten, wozu aus Erde aufgeschichtete Grabhügel gehörten. Solche Grabhügel in der Steppe werden mit einem tatarischen Ausdruck als Kurgane bezeichnet. Neuere Forschungen zu den Migrationen der Indoeuropäer haben die ältere Kurgan-Theorie von Gimbutas bestätigt (Gimbutas 1991: 361 ff.) und den Nachweis erbracht, dass die Stoßrichtung der frühen Migrationen von Steppennomaden nicht zufällig auf die Regionen mit Salzvorkommen ausgerichtet waren (Anthony 2007, Haarmann 2010 b: 34 ff.).

Varna an der Schwarzmeerküste hatte sich im 5. Jahrtausend v. u. Z. zu einem bedeutenden überregionalen Handelszentrum entwickelt.

Einige Gruppen von berittenen nomadischen Elitekriegern besetzten den Ort und brachten damit den Handel unter ihre Kontrolle. Der Machtwechsel in Varna «liefert Beweise für die Ausbreitung von Steppenvölkern aus dem Osten nach Westen, und sie lässt offensichtlich – entsprechend dem ‹Kurgan-Modell› der indoeuropäischen Ursprünge – die erste Welle der Indoeuropäer erkennen, die ihre Heimatregion in den Steppen der Ukraine und Südrusslands verließen» (Mallory/Adams 1997: 557).

Die Übernahme des Handelszentrums von Varna markiert den Beginn eines Langzeitprozesses: der graduellen Indoeuropäisierung des südlichen und westlichen Europa (Haarmann 2012: 119 ff.). Während die erste Migrationswelle (Kurgan I, um 4500 v. u. Z.) der Steppennomaden nach Westen gekennzeichnet war durch die Übernahme bestimmter Handelszentren oder wichtiger Verkehrsknotenpunkte, kamen mit der zweiten Migrationswelle (Kurgan II, um 3800 v. u. Z.) weitere Bevölkerungsgruppen, die bereits die Siedlungsstruktur ganzer Landstriche veränderten.

Den durchgreifenden Umbruch brachte die dritte und letzte Migrationswelle (Kurgan III, zwischen 3200 und 2800 v. u. Z.). Sie setzte größere Bevölkerungsgruppen in Bewegung als die früheren Migrationen. Dies wurde ermöglicht durch die Revolutionierung der Transporttechnologie. Die Verwendung von Rad und Wagen erhöhte die Mobilität und bot den Vorteil eines Transports größerer Lastenmengen.

Die Einwanderung von Steppennomaden mit der dritten Welle ist von der modernen humangenetischen Forschung als «massive Migration» (Haak u. a. 2015) bestätigt worden. Die Folge waren weiträumige Veränderungen der Siedlungsstruktur in den Regionen Südosteuropas und eine Überformung alteuropäischer Traditionen. Über die dritte Migrationswelle veränderte sich das Genprofil der Bevölkerung in weiten Teilen Europas (Reich 2018). Als Folge der Übervölkerung ursprünglich von Alteuropäern bewohnter Gebiete durch indoeuropäische Siedlungsgruppen kam es zur Ausbildung ethnischer Gemeinschaften mit regionalem Eigenprofil, mit eigener Sprache und Kultur, die aus der Antike bekannt sind: Griechen, Thraker, Daker, Illyrer.

Das frühe Auftreten von Wagen auf Rädern in Mitteleuropa und Norddeutschland (vor 3300 v. u. Z.) hat manche Forscher dazu bewogen, die Ursprünge dieser Transporttechnologie dort zu suchen. Doch die Verbreitung von Wagen dort steht ganz offensichtlich im Zusammenhang mit den Migrationen von Steppennomaden nach Mittel- und Westeuropa. Die Träger der Jamnaja-Kultur, die um 3300 v. u. Z. aus der pontischen Steppe wegzogen, Druck auf die Siedlungen der Usatovo-Leute ausübten und deren Westbewegung auslösten, transportierten ihren Tross auf Radwagen (Parpola 2008: 34). Doch noch bevor die dritte Migrationswelle einsetzte, gelangte offensichtlich die Kenntnis der Innovation von Rad und Wagen aus der Region, wo die Transporttechnologie revolutioniert wurde, nach Westen.

Die Verbreitung in Mitteleuropa

Die Wagentechnologie verbreitete sich aus der Kontaktzone von Viehnomaden und Ackerbauern sehr schnell in Richtung Westen, nach Mitteleuropa. Die Funde von Wagenbildern auf Keramikscherben oder von Miniaturmodellen aus Ton sind älter als Reste von originalen Wagen. Eine besondere Fundstätte ist Bronocice in Südpolen, eine Gründung von Trägern der sogenannten Trichterbecher-Kultur, deren Anfänge in die Zeit zwischen 3500 und 3350 v. u. Z. datiert werden. Die Siedlung von Bronocice ist ausgedehnter als die anderen Dörfer der Trichterbecher-Leute, deren Wirtschaftsform der Feldbau war. Auf einer Tonscherbe sieht man die Umrisszeichnung eines vierrädrigen Wagens. «Das Wagenbild von Bronocice ist das älteste sicher datierte Bild eines Gefährts auf Rädern in der Welt.» (Anthony 2007: 67)

Aus Norddeutschland stammen die ältesten sicher datierten Spuren von Wagenrädern, und zwar aus der Zeit um 3400 v. u. Z. (Mischka 2022). Der Fundort ist ein Gräberfeld bei Flintbek, einer Ortschaft rund 15 Kilometer südwestlich von Kiel. Die Funddatierung fügt sich ein in das chronologische Spektrum der frühen Hinweise auf die Verbreitung der Radtechnologie aus der Region der Trypillja-Kultur nach Mittel- und Nordeuropa um die Mitte des 4. Jahrtausends v. u. Z.

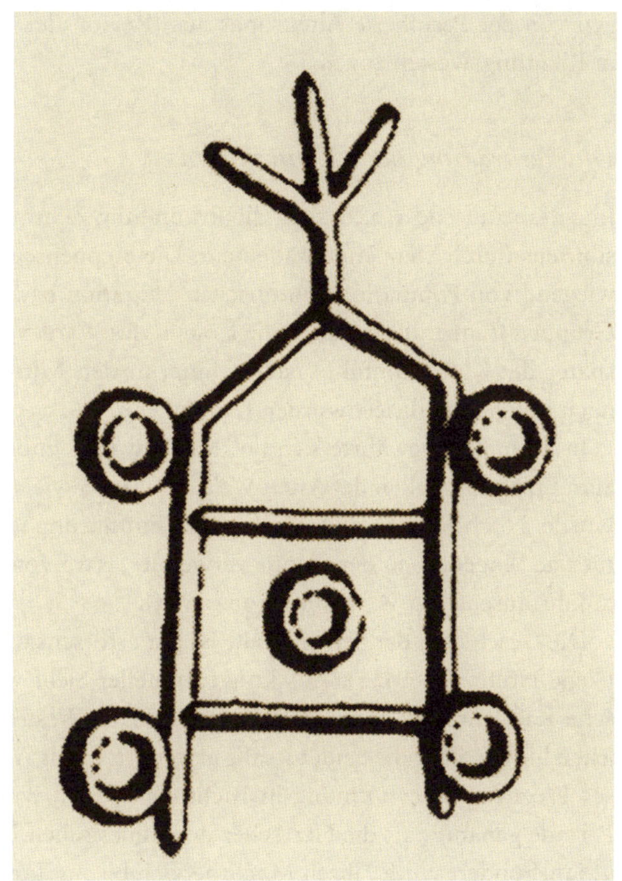

Das Wagenbild von Bronocice, ca. 3400 v. u. Z.

Miniaturmodelle von Wagen aus Ton wurden in Ungarn und Süddeutschland gefunden. Ein Tonmodell aus Ungarn ist die älteste bekannte dreidimensionale Replika eines Wagens mit Rädern.

Die ältesten Funde von weitgehend erhaltenen Wagen, in Mooren und morastigem Gelände, stammen aus der Ukraine und aus Südrussland (siehe Kapitel 2). Ab der Wende vom 4. zum 3. Jahrtausend v. u. Z. häufen sich die Funde von Radteilen und Wagenresten an archäologischen Grabungsplätzen Mitteleuropas. Dorthin wurde das Know-how der revolutionären Transporttechnologie über Migranten transferiert, die im Zuge der dritten Kurgan-Migration mit ihren Wagen von der Peripherie Alteuropas aus (Region der Trypillja-Kultur) in Richtung Westen zogen.

Die Verbreitung nach Zentralasien

Im 4. Jahrtausend v. u. Z. setzt die Erkundung Zentralasiens und Südsibiriens durch Steppennomaden ein. Die Steppenregion wurde überwiegend von Populationen iranischer Affiliation bevölkert, und diese Gruppen frequentierten auch die Routen des Warenverkehrs, über die später die Kulturkontakte nach China, in den Mittleren Osten und nach Indien kanalisiert wurden (Parzinger 2006: 239 ff.).

In jener Zeit bewährte sich der Kastenwagen mit vier Rädern, der zum Erfolgsmodell in der Alten Welt, in Europa wie auch in Westasien wurde. Noch Jahrtausende nach seiner Einführung wurde dieser vierrädrige Wagentyp in der Steppe verwendet, etwa von den Skythen im 1. Jahrtausend v. u. Z. (Schiltz 1994: 353).

Die Geschichte der Seidenstraße ist gut erforscht und dokumentiert (siehe Höllmann 2022). Aus konventioneller Sicht waren es chinesische Kaufleute, die ihren Aktionsradius nach Westen, nach Zentralasien hinein, über die Seidenstraße erweiterten. Als Anfangsphase dieses Prozesses einer Öffnung in Richtung Westen wird allgemein die Periode genannt, als die Herrscher der chinesischen Han-Dynastie im 2. Jahrhundert v. u. Z. ihren Machtbereich bis ins Tarimbecken erweiterten. Über diese Handelsroute, die sich nach Zentralasien fortsetzte, nahm eine große Kulturströmung Einfluss, die – in umgekehrter Richtung – von Indien nach China gelangte: der Buddhismus.

Was in der konventionellen Geschichte der Seidenstraße nicht genügend berücksichtigt wird, ist, dass lange vor den Handelskontakten im äußersten Westen Chinas, im Tarimbecken, Indoeuropäer gelebt hatten. Einzelheiten über deren Existenz dort sind erst über die Erforschung der Mumien von Ürümchi (siehe S. 70–72) bekannt geworden. Lange vor den Kaufleuten aus östlicher Richtung wurden die Handelsrouten der Seidenstraße von Steppennomaden frequentiert, die von Westen her bis ins Tarimbecken migrierten.

Die Hirtennomaden hatten sich Gelände für die Weidewirtschaft Zentralasiens in einer ständigen Migrationsbewegung erschlossen und waren weiter in östlicher Richtung gewandert. Im Zuge ihrer Migrationen erreichten Nomaden im Laufe des 4. Jahrtausends v. u. Z. die Region des Altai-Gebirges und das Tal des Jenissej im südlichen Sibirien. Die Leute, die dorthin gelangten, brachten eine Kultur mit, deren Eigenheiten der Afanasevo-Kultur (ca. 3500–ca. 2500 v. u. Z.) zuzuordnen sind. Diese Regionalkultur gilt «als die am weitesten nach Osten reichende Ausdehnung der europäischen Steppenkulturen» (Mallory/Adams 1997: 4). Die typische Wirtschaftsform der dortigen Nomaden war die Viehhaltung. Zu den für die Weidewirtschaft wichtigen Tierarten gehörten Ziegen, Schafe und Pferde. Die Leute waren beritten, denn es wurden Reste von Zubehör für das Zaumzeug der Pferde gefunden. Darauf, dass bei ihnen auch Wagen in Gebrauch waren, deuten Felsbilder, in denen Wagen abgebildet sind.

Die Andronovo-Kultur (ca. 2300–900 v. u. Z.) gliederte sich im ausgehenden 3. Jahrtausend v. u. Z. aus der älteren Afanasevo-Kultur aus. Auch hier wurden Pferde als Lasttiere und zum Reiten verwendet. Die letztere Funktion ist aufgrund der zahlreichen Funde von Verbindungsstücken (aus Knochen oder Metall) für Zügel bezeugt.

Die Nomaden führten ihr Hab und Gut auf Wagen mit sich. Diese Transporttechnologie setzte sich überall in Zentralasien durch und wurde auch in die Randzonen der indoeuropäischen Steppenkultur transferiert, bis nach Südsibirien in das Vorland des Altai-Gebirges und in die Oasen des Tarimbeckens.

Das Basismodell war der vierrädrige Kastenwagen, der von Ochsen gezogen wurde. Erst später wurde der zweirädrige Streitwagen mit Zugpferden eingeführt. In Anpassung an die topographischen und klimatischen Bedingungen Zentralasiens wurden dort Kamele als Zugtiere für Wagen eingesetzt. Bildliche Darstellungen zeigen diese regionale Besonderheit der Transporttechnologie (siehe Abb. S. 44). Die Zähmung des Kamels als Last- und Zugtier datiert ins ausgehende 3. Jahrtausend v. u. Z., seit dem 2. Jahrtausend v. u. Z. kam es regelmäßig zum Einsatz.

Das Tarimbecken als Drehscheibe

Die Migrationsdynamik brachte Steppennomaden weit nach Osten, bis nach Südsibirien und nach Westchina. Der östliche Vorposten der Wanderbewegung war die Oasenlandschaft des Tarimbeckens am Rande der Taklamakan-Wüste, des südwestlichen Ausläufers der Gobi-Wüste.

Diese Landschaft gehört heute administrativ zur Autonomen Region Xinjiang im Westen Chinas. Seit dem Mittelalter haben in diesem Gebiet Uiguren gesiedelt, sie gehören sprachlich und kulturell zu den Turkvölkern. Lange Zeit waren alle Spuren, die auf eine Präsenz indoeuropäischer Steppennomaden in dieser Gegend hinweisen konnten, im wahrsten Sinn des Wortes vom Wüstensand verweht geblieben.

Seit Ende der 1970er-Jahre sind Gräberfelder im Nordteil des Tarimbeckens untersucht worden. Als die chinesischen Archäologen die Grabstellen öffneten, wunderten sie sich über den erstaunlichen Erhaltungszustand der mumifizierten Leichname. Im trockenen Sand war der Verwesungsprozess nur minimal fortgeschritten, sodass Gesichtsformen und Körperbau gut zu erkennen waren. Die dort bestatteten Menschen hatten offensichtlich ganz anders ausgesehen als die Angehörigen der heutigen Bevölkerung.

Immer mehr Mumien wurden ausgegraben, und alle hatten Eigenschaften, die nicht zu den anthropologischen Charakteristika von Uiguren oder Chinesen passten. Doch erst die genetischen Untersuchungen der 1990er-Jahre brachten Klarheit, und das Ergebnis war eine echte Sensation. Die Menschen, die in den Oasen am Rande des Tarimbeckens begraben worden waren, hatten einen europiden Genpool und gehörten zu den indoeuropäischen Populationen. Das heißt, sie hatten «Verwandte» im Westen. Die Nachricht von indoeuropäischen Steppennomaden in Westchina machte Schlagzeilen in den Medien, und seither spricht man von den Toten aus den prähistorischen Gräberfeldern als «Mumien von Ürümchi», «Mumien von Xinjiang» oder als «Tarim-Mumien» (Barber 1999).

Mit Sicherheit waren die Vorfahren jener Gruppen, die sich eine Oasenkultur aufgebaut hatten, in prähistorischer Zeit aus der Eurasischen Steppe bis in die Tarim-Region gelangt, als es dort weder uigurische noch chinesische Populationen gab. Doch wie kam es zur Besiedlung der Region und zum Aufbau der dortigen Oasenkultur? Auf welcher Route kamen die Steppennomaden bis dorthin? Die große Migrationsroute in Richtung Osten führte aus der Kaspischen Steppe nach Zentralasien und weiter nach Südsibirien (Haarmann 2016: 140f.).

Bereits im 4. Jahrtausend v. u. Z. waren Gruppen von Migranten aus der Steppe bis ins Vorland des Altai-Gebirges im südlichen Sibirien vorgestoßen und hatten sich dort niedergelassen. Archäologen haben diese Regionalkultur nach dem Hauptfundort als Afanasevo-Kultur bezeichnet; wir haben sie oben bereits kennengelernt. Einige Gruppen zogen um die Mitte des 3. Jahrtausends v. u. Z. in Richtung Süden und gelangten an den Rand des Tarimbeckens.

Im ausgehenden 3. Jahrtausend v. u. Z. entstand eine Oasenkultur mit Langzeittradition, die sich in ihren Grundzügen über Tausende von Jahren erhalten hat und von wechselnden Bevölkerungsgruppen getragen wurde. Die frühen Mumienbestattungen werden auf ca. 2000 v. u. Z. datiert. In den nachfolgenden Jahrhunderten entwickelten sich die Siedlungen der Viehnomaden, deren Lebensweise mehr und mehr von Sesshaftigkeit bestimmt wurde. Lange unterhielten sie wohl Kontakte zu ihren westlichen Nachbarn. Allmählich kam es auch zu Begegnungen mit Leuten aus dem Osten, von außerhalb des Tarimbeckens. Diese Kontaktaufnahme war in besonderer Weise motiviert. Chinesische Händler und Prospektoren auf der Suche nach einem bestimmten Rohstoff wurden auf Fundstätten rings um das Tarimbecken aufmerksam. Dieser Rohstoff, der in der Gesellschaft Altchinas immer größere Bedeutung bekommen sollte, war Jade. Und dieses Mineral ist in den Sedimentschichten des Tarimbeckens bis heute reichlich vorhanden.

Zunächst war es der Handel, der die Kontakte motivierte, doch mit der Zeit wurden auch soziale Verbindungen zwischen Viehhaltern und

Händlern geknüpft. Die genetischen Untersuchungen vermitteln interessante Einblicke in die Verbreitungsfrequenz der Genprofile, die sich für die Tarim-Mumien feststellen lassen. Die genetischen Charakteristika der zahlreichen Mumien aus dem Gräberfeld bei Xiaohe lassen Verbindungen mit der asiatischen Population in Westchina erkennen. Während die väterliche Linie (paternale Y-DNA) ausschließlich auf das Herkunftsgebiet im Westen hinweist, sind in der mütterlichen Linie (maternale Mitochondrien-DNA bzw. mtDNA) sowohl westliche als auch östliche Prägungen zu erkennen (Li u.a. 2010, 2015). Dies bedeutet, dass es chinesische Händler waren, die soziale Bindungen mit Frauen der lokalen Viehzüchtergemeinschaften eingingen. Im Genpool von deren weiblichen Nachkommen spiegeln sich diese Kontakte.

Die chinesischen Händler, die auf der Suche nach Jade in diese Region kamen, lernten die von den sesshaft gewordenen Nomaden mitgebrachte Radtechnologie kennen und erkannten schnell deren Vorteile. Es dauerte nicht lange, und die ersten Wagen wurden auch von chinesischen Handwerkern gebaut. Die Kastenwagen der Leute in den Tarim-Oasen wurden auf Vollrädern bewegt, aber im Rahmen des Technologietransfers nach China erfolgte dort recht bald der Übergang zum Typ des Speichenrads.

Prunkwagen als Grabbeigaben in Altchina

Wie so viele Einrichtungen und Errungenschaften der Kultur Altchinas sind auch die Ursprünge der Anwendung von Radtechnologie mythisch verklärt. Demnach sind Rad und Wagen eine chinesische Erfindung, die in das ausgehende 3. Jahrtausend v.u.Z. projiziert wird. Die mythische Überlieferung vermittelt allerdings kein einheitliches Bild. Einem der Mythen zufolge hat ein Minister am Hofe des Herrschers Yu der Xia-Dynastie (reg. 2205–2197 v.u.Z.) den zweirädrigen Wagen erfunden. Dieser Minister mit Namen Xi Zhong trug den offiziellen Titel eines «Wagenbauers». In einem anderen Mythos wird

Pferde und Wagen in einem Grab der Shang-Zeit, 18.–11. Jahrhundert v. u. Z. Guojiazhuang, Anyang, Provinz Henan

die Erfindung des Wagens in eine noch ältere Ära projiziert und dem Gelben Kaiser mit seiner legendenhaft langen Regierungszeit (2697–2598 v. u. Z.) zugeschrieben.

Was den zeitlichen Rahmen im ausgehenden 3. Jahrtausend v. u. Z. betrifft, so ist eine Kontaktaufnahme mit den Steppennomaden in den Oasen des Tarimbeckens und die Übernahme der Radtechnologie durchaus denkbar, wie oben dargestellt. In der Frühzeit wurden Wagen von Ochsen gezogen, Pferde als Zugtiere kamen erst später auf. Die Räder aus jener Region waren solide Scheibenräder aus Vollplanken. Dieser Radtyp hat sich aber in China nicht verbreitet, weil die Voraussetzung für seine Herstellung fehlte: rund 400 Jahre alte Hartholzbäume. «Solide Scheibenräder wie jene, die in Xinjiang gefunden worden sind, haben offensichtlich keinen großen Einfluss auf die chinesische Radtechnologie gehabt», stellte der amerikanische Historiker Anthony Barbieri-Low (2000: 13) fest. «Wie man anhand

Wagenprozession mit Reitergeleit. Wandmalerei (Ausschnitt) aus einem Grab im Kreis Anping, Provinz Hebei; Östliche Han-Dyastie, 25–220

der Hinterlassenschaft aus Qinghai … sehen kann, hat China wohl das Stadium des großen, klobigen Vollrads verpasst oder zumindest dieses Stadium umgangen und ist direkt in Richtung leichter Speichenräder fortgeschritten.»

Eine genaue Datierung der Einführung von Wagen nach Westchina ist nicht möglich. Bei Dalitaliha in der Region von Dulan (Provinz Qinghai) sind Reste von Wagennaben und von groben Radspeichen gefunden worden. Die Naben sind aus hartem Kiefernholz geschnitten. Das Alter dieser Funde wird auf ca. 1500 v. u. Z. geschätzt. Eine tentative Rekonstruktion des Wagenmodells geht in die Richtung eines zweirädrigen Karrens für den Transport von Wolle, Tierfutter oder Feldfrüchten. Der Fundort liegt an der Trasse, die später im Nordwesten Chinas die Anbindung an die Handelsroute der Seidenstraße ermöglichte. Darauf, dass frühe Wagenmodelle bereits in China

bekannt waren, deuten Funde von parallelen, in den Fundschichten verhärteten Radspuren mit einem Abstand von rund 1,2 Metern aus der Gegend von Yanshi in der Nähe des Luo-Flusses (Provinz Henan) im Nordwesten des Landes.

Die Weiterentwicklung des zweirädrigen Wagenmodells, der Streitwagen, ist ab ca. 1200 v. u. Z. für die Regierungszeit der Shang-Dynastie bezeugt. Dies lässt sich anhand der Grabfunde von Anyang absichern. Streitwagen mitsamt den Zugpferden, Waffen und sogar den Wagenlenkern wurden dem Verstorbenen als rituelle Opfergaben mit ins Grab gegeben (Yang Baocheng 1984, Shaughnessy 1988). Solche Bestattungen mit rituellen Wagenopfern sind mit der damaligen Elite assoziiert und werden als «königliche Gräber» kategorisiert. Bei diesen reichhaltigen Grabbeigaben finden sich auch Hinweise darauf, dass die Laufflächen der Wagenräder mit Metallbändern aus Bronze verstärkt wurden.

Obwohl die Entwicklung der Technologie des Speichenrads eine sehr fortschrittliche Innovation der chinesischen Wagenbauer war, blieb die Verankerung der Deichsel konservativ und zeigt keine Weiterentwicklung. Die Deichsel wurde mittig unter den Wagenkasten montiert, während sie bei den etwa zur gleichen Zeit entwickelten Streitwagenmodellen im Nahen Osten am Ende des Wagenkastens verankert war, was eine größere Stabilität beim Ausfahren von scharfen Kurven gewährleistete.

Die chinesischen Wagenbauer arbeiteten mit ebenso viel Geschick wie die Wagenbauer anderswo. Es bildete sich eine spezialisierte Terminologie für alle Einzelteile und Funktionen heraus, mit entsprechend spezialisierten Schriftzeichen.

Der chinesische Streitwagen wurde auch als Paradewagen und als Befehlsplattform für Armeekommandeure verwendet. In dieser Funktion wurden die Wagen ausgiebig dekoriert und mit Schmuck versehen. Bei Ausgrabungen von reich ausgestatteten Gräbern sind teilweise gut erhaltene Streitwagen in exklusiver Ausführung als Beigabe für den Verstorbenen zum Vorschein gekommen.

Seine Hauptfunktion fand dieser Wagentyp als Kriegsmaschine zur Unterstützung der Infanterie. Chinesische Techniker bauten eine Zusatzeinrichtung an: An den Rändern der Wagenräder wurden Sicheln montiert. Wenn der Streitwagen in die Reihen feindlicher Fußsoldaten preschte, wurden all denen, die nicht genug Abstand zu den Rädern hielten, die Beine zerschnitten.

Die späte Einführung von Rad und Wagen in Ägypten

Ägypten war eine der frühen Zivilisationen, in die die Radtechnologie ziemlich spät, nämlich erst im 17. Jahrhundert v. u. Z., gelangte. Bis dahin verwendete man Kufenschlitten, die auf eigens dafür angelegten Rollbahnen gezogen wurden, etwa um die Steine für den Pyramidenbau heranzuschaffen.

Die Einführung von Rad und Wagen erfolgte nicht über Handelskontakte, sondern höchstwahrscheinlich infolge der Einnahme des

Landes durch die Hyksos. Diese drangen von Norden her vor, eroberten um 1650 v. u. Z. das Reich am Nil und etablierten dort ihre Macht. Entgegen früheren Interpretationen, wonach die Hyksos als ethnische Gruppe (als «Volk») identifiziert wurden, geht man heute davon aus, dass diese Bezeichnung sie als herrschende Elite beschreibt. Der Name stammt von den Ägyptern, sie nannten die Eindringlinge *hekau khasut* («Herrscher aus einem fremden Land»). Diese sprachen eine Variante des Westsemitischen, und viele Forscher sehen in den Hyksos Vertreter der semitischen Bevölkerung in Palästina (Kanaaniter).

In der ägyptischen Überlieferung (vertreten durch den griechisch-ägyptischen Historiographen Manetho im 3. Jahrhundert v. u. Z.) wurden die Hyksos insgesamt abwertend als Invasoren und Unterdrücker beschrieben, die in Ägypten Schaden anrichteten und die dortigen Menschen drangsalierten. Doch in der modernen ägyptologischen Forschung ist diese Einschätzung korrigiert worden. Die Hyksos waren zwar Fremdlinge, doch ihr Einfluss war insgesamt für die Kulturentwicklung förderlich.

Mit sich brachten sie unter anderem auch Wagen für den Transport von Lasten sowie Streitwagen als Militärfahrzeuge. Im Text der Kamose-Stele heißt es, dass die Hyksos «Streitwagen und Pferde, Schiffe, Bauholz, Gold» und andere Dinge nach Ägypten einführten (Bourriau 2000: 182). Es gibt keine archäologischen Zeugnisse für die initiale Einführung von Wagen durch die Hyksos. Doch andererseits ist die Ansicht von Forschern allgemein akzeptiert, dass die Radtechnologie mitsamt verschiedenen Wagenmodellen spät nach Ägypten gelangte, denn es gibt dort keinerlei Darstellungen von Wagen vor der Hyksos-Periode. Und da diese Technologie bei den Hyksos in Gebrauch war, kommen sie in erster Linie als Vermittler in Betracht.

Handwerker und Techniker in Ägypten machten sich offensichtlich rasch mit der innovativen Technologie vertraut und begannen, in eigener Regie solche Fahrzeuge zu bauen. Als sich die Ägypter nach einem Jahrhundert gegen die Fremdherrschaft der Hyksos auflehnten und diese um 1550 v. u. Z. aus dem Land vertrieben, setzten sie Streitwagen aus der landeseigenen Produktion ein.

4.

Die Ära der Streitwagen

Die indoeuropäische Basisterminologie im Bereich der Transporttechnologie bezieht sich auf die Konstruktion des vierrädrigen Wagens, während unter den alteuropäischen Substratwörtern im Altgriechischen technische Begriffe zu finden sind, die sich auf Wagen mit zwei Rädern beziehen (*morgos, satinai, smyliche*; s. Kapitel 2). Die Nomenklatur für zweirädrige Wagen ist jüngeren Datums, denn dieser Wagentyp ist eine sekundäre Ableitung vom Basismodell mit vier Rädern. Die alteuropäischen Lehnwörter im Griechischen, die mit zweirädrigen Wagen assoziiert sind, deuten auf eine Verwendung als Transportmittel für zivile Zwecke, nicht auf eine Funktion im Dienst der Kriegsführung, also etwa auf einen Streitwagen.

So weist die Bedeutung des Ausdrucks *satinai* in eine Richtung, die dem Betrachter die Lebenswelt der Frauen in der griechischen Antike öffnet. Es gab einen bestimmten zweirädrigen Wagentyp, der anlässlich von Hochzeiten verwendet wurde. Die «Hochzeitskutsche», gezogen von einem Pferd, war aber als Transportmittel wohl nur für die Braut gedacht. Die Szene einer Hochzeitsprozession mit einem solchen Gefährt ist auf einer attischen Vase aus der Zeit um 490 v. u. Z. abgebildet (Oakley 2013: 119).

Wenn Sprache ein Spiegel der Kultur ist, tritt uns hier vielleicht ein Kontrast mit weitreichenden zivilisatorischen Konsequenzen entgegen: Der zweirädrige Wagen wurde von den Alteuropäern für eine friedliche Nutzung geschaffen (noch erkennbar in der Tradition der griechischen Hochzeitskutsche), während eine andere Version dieses Wagentyps, der Streitwagen, von den Steppennomaden für militärische Zwecke adaptiert wurde.

Nach traditioneller Annahme wurde der Streitwagen um 1700 v. u. Z. im Nahen Osten entwickelt. Neuere Funde weisen in eine ganz andere Region und in eine ganz andere Zeit: «Zweirädrige Streitwagen wurden am frühesten in der Steppenzone erfunden, wo sie im Kriegswesen Verwendung fanden.» (Anthony 2007: 403)

Streitwagen im südlichen Ural

Die Spurensuche nach den Ursprüngen des Wagenmodells, das als Streitwagen im Verlauf des 2. Jahrtausends v. u. Z. zur effektivsten Waffengattung avancierte, führt in die Gegend an den südlichen Ausläufern des Ural-Gebirges, also weitab von der Region des Nahen Ostens. In den 1990er-Jahren wurden aufsehenerregende Funde im Gräberfeld von Krivoe Ozero nahe der Ortschaft Sintashta gemacht. Die Gräber gehören zu einer bronzezeitlichen Siedlung von Steppennomaden. «Sintashta war ein befestigtes Zentrum für metallverarbeitende Industrie.» (Anthony 2007: 371) In praktisch jedem Haus fanden die Archäologen Reste von Metallverarbeitung: Schlacke, Brennöfen und Bruchstücke von Kupfererz. Die Schmiede, die in dieser Siedlung tätig waren, hatten für ihr Warenangebot von Metallobjekten sicherlich Kontakte sowohl nach Westen als auch nach Osten, denn die Handelsrouten liefen von dieser Siedlung in beide Richtungen. Die Sintashta-Kultur an der Peripherie der proto-indoeuropäischen Urheimat war der älteste lokale Vertreter eines großen Kulturkomplexes, der als Andronovo-Kultur (siehe S. 69) bekannt ist und sich hauptsächlich in der kasachischen Steppe ausdehnte.

Die Befestigungen (Palisadenmauern, Wachtürme, Tore, ein Umfassungsgraben) deuten darauf hin, dass das Handelszentrum wegen seiner materiellen Reichtümer Ziel bewaffneter Angreifer von außen war. Eine Verbindung mit Konfliktsituationen und kriegerischen Auseinandersetzungen spiegelt sich in besonderen Bestattungssitten der Leute von Sintashta. Diese haben ihre vornehmsten Kämpfer dadurch geehrt, dass sie diese mitsamt ihren Kriegsmaschinen, ihren Streitwa-

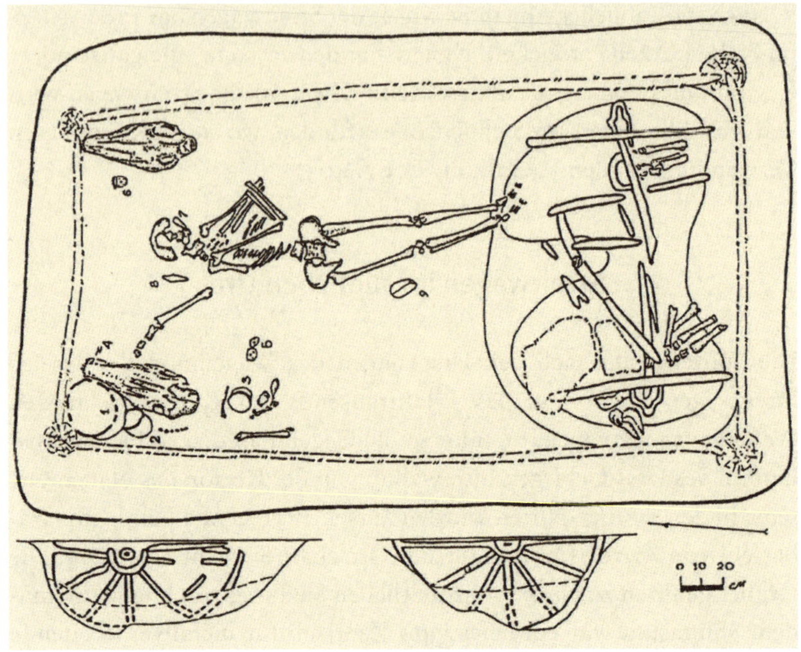

Reste eines Streitwagens aus dem Grabfund von Krivoe Ozero (Sintashta, südlicher Ural), um 2000 v. u. Z.

gen, ja sogar mit den Zugpferden zeremoniell bestatteten. Ein solches prunkvolles Kriegergrab wurde auch in Krivoe Ozero freigelegt. Als Beigaben wurden zudem Pfeilspitzen und Waffen aus Bronze (Dolch, Axt) gefunden.

Die Rekonstruktion dieser ältesten Reste eines zweirädrigen Gefährts spricht dafür, dass es sich um den Prototyp eines Wagens handelt, der eindeutig nicht für den Transport von Material oder Waren konzipiert war, sondern für den Einsatz als Kampfmaschine. Dieses früheste Wagenmodell mit den Eigenschaften eines Streitwagens wird um die Zeitenwende vom 3. zum 2. Jahrtausend v. u. Z. datiert. Die Spurbreite zwischen den Rädern betrug rund 1,5 Meter. Damit wurde bereits ein Standard für eine Mindestbreite für den Aufsatz vorgegeben, so wie sie auch für die späteren ägyptischen Streitwagen (mit Variationen zwischen 1,5 und 1,8 Metern) galt. Dies entsprach dem mi-

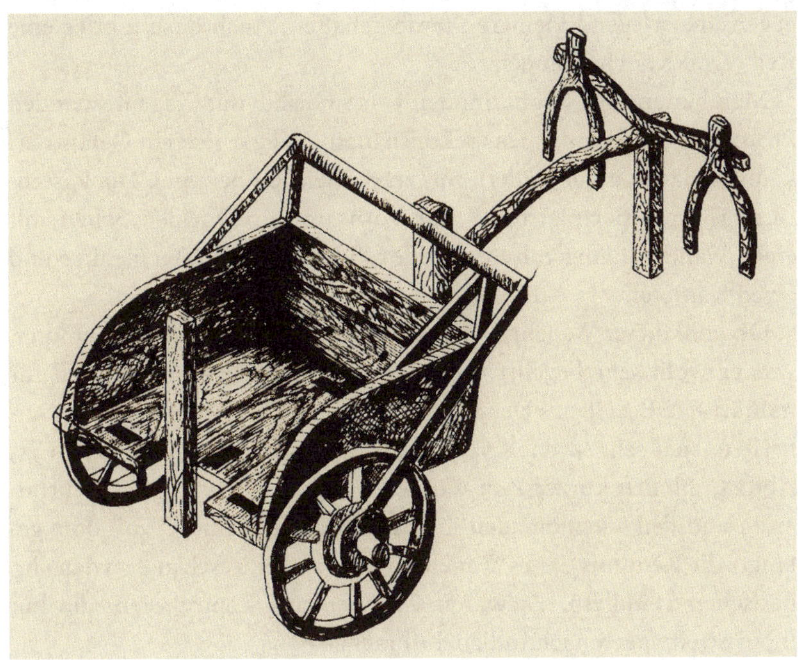

Rekonstruktion des ältesten Streitwagenmodells nach Gräberfunden der Sintashta-Kultur

nimalen Platzbedarf für zwei Personen auf der Transportplattform, einen Wagenlenker und einen Kämpfer. Die Plattform mit einer niedrigen Wandung war so konstruiert, dass darauf zwar Personen stehen, aber keine Lasten verstaut werden konnten. Die Räder sind so weit erhalten, dass klar zu erkennen ist, dass es sich um Speichenräder handelte. Diese Bauart hatte sich über mehrere Jahrhunderte entwickelt und war beim Modell des Streitwagens voll ausgebildet.

Das Grab enthält auch die Knochen einer rituellen Pferdebestattung. Die Schädelknochen der Zugpferde wurden an beiden Enden des Wagenkastens gefunden, und diese Platzierung ist ganz offensichtlich intendiert. Die Untersuchung dieser wie auch anderer Pferdeknochen aus Wagengräbern zeigt, dass die Steppennomaden eine große Pferdeart als Zugtiere verwendeten, mit einer Schulterhöhe von 160 Zentimetern (Kuzmina 2008: 61). In den Herden wurden dagegen überwiegend kleinere Pferde gehalten. Auch dazu gibt es eine Reihe von Knochenfunden.

Man hat aus den Gräberfunden von Sintashta mit Wagenresten den Prototyp eines Streitwagens rekonstruiert. Es lässt sich ein Gefährt erkennen, das sich auf Rädern mit zehn Speichen bewegte. Die kastenförmige Transportplattform war vorn sowie an beiden Seiten mit einer Wandung eingerahmt und bot Platz für den Wagenlenker und einen Kämpfer.

Obwohl dieser Wagentyp in seiner Robustheit eher klobig anmutet, war er wohl sehr begehrt wegen seiner spezialisierten Funktion für militärische Einsätze. «Der von Pferden gezogene Streitwagen ... verbreitete sich schnell nach Osten und Westen.» (Parpola 2012: 135; Abb. X) Binnen kurzer Zeit wurde er bei den Menschen in Zentralasien und den Viehnomaden im Tarimbecken bekannt. Von dort gelangte die Kenntnis dieses Wagentyps – wie oben gesehen – zu den chinesischen Händlern. Es waren Gruppen aus Zentralasien, die mit ihren Streitwagen nach Indien aufbrachen.

Bauweisen und Wagentypen (2000–1150 v. u. Z.)

Bevor wir den Streitwagenleuten auf ihrem Weg nach Indien folgen, sei hier eine kleine Übersicht über die chronologische und funktionale Entwicklung der verschiedenen Wagenbauarten gegeben.

Solange Ochsen als Zugtiere verwendet wurden, bestand wenig Anlass, die Wagenbautechnik zu verbessern, denn die Fahrt mit einem Ochsengespann war ohnehin langsam, so dass auch schwere Wagen bewegt werden konnten. Mit Pferden als Zugtieren war es möglich, die Fahrgeschwindigkeit zu erhöhen. Diesen Vorteil konnte man aber nur wahrnehmen, wenn das zu ziehende Gefährt leichtgängig war. Diese Einsicht motivierte einen Entwicklungsschub, der für den Bau von immer leichteren Wagenmodellen entscheidend war.

Im Rahmen dieses Entwicklungsschubs wurden die höchsten Ansprüche an den praktischen Einsatz von Wagen zu militärischen Zwe-

Streitwagen; mykenische Vasenmalerei, 13. Jahrhundert v. u. Z.

cken gestellt. Der Streitwagen als Kampfmaschine setzte entsprechende Prioritäten. Somit ging auf diesem Gebiet die Weiterentwicklung von Modellen und Zuggespannen am rasantesten vonstatten.

Chronologie der Streitwagenbauformen (nach Chondros u. a. 2016)

– (1) Einfacher Kastenwagen (simple box chariot), ca. 2000–1550 v. u. Z.: Der Wagen hatte einen kastenförmigen, viereckigen Aufsatz als Tragefläche. Mit dem Streitwagen wurden keine Lasten (außer zusätzlichen Waffen) transportiert, sondern die Plattform bot Platz für ein bis zwei Personen. Anfangs war der Wagenlenker zugleich Kämpfer. Diese beiden Funktionen wurden durch die Besetzung mit zwei Personen aufgeteilt. Die Räder waren Speichenräder mit vier Speichen. Als Brüstung diente eine Art Geländer mit waagerechten geraden Planken.

– (2) Komplexer Kastenwagen (developed box chariot; ca. 1550–1450 v. u. Z.): Der kastenförmige Aufsatz war vorne gewölbt, in Form eines D; die Brüstung war abgerundet. Die Seiten waren geschlossen und mit dekorativen Mustern versehen.
– (3) Viertelkreiswagen (quadrant chariot), ca. 1450–1375 v. u. Z.: Die Form der Plattform war ein Viertelkreis mit Durchschnittsmaßen von 1 Meter Breite und 0,5 Meter in Längsrichtung. Dies bot Platz für zwei Personen. Die Seitenstützen waren hüfthoch und entweder vollkommen offen oder ausschnittweise offen. Die Materialien waren Holz und Leder (für die Befestigung der Stützen).
– (4) Doppelwagen (dual chariot), ca. 1450–1200 v. u. Z.: Dieses Wagenmodell war dreiachsig, mit einer Verbindung des Wagens mit einem Fußteil, einer Plattform. Die Plattform war eckig mit D-Abrundung vorn; sie war geräumiger und bot sogar Platz für drei Personen, den Wagenlenker und zwei Kämpfer.
– (5) Geländerwagen (rail chariot), ca. 1250–1150 v. u. Z.: Bei diesem Modell waren die Seiten komplett offen, als Brüstung diente ein schlichtes Geländer. Dies bedeutete eine Rückkehr zum einfachen Kastenmodell. Doch der rail chariot war aus zähen, aber dünnen Holzkomponenten zusammengesetzt. Die Offenheit der Seitenteile bewirkte, dass er besonders leicht war. Ob damit auch Waffen transportiert wurden, die – wie bei den anderen Wagentypen – als Reserve oder Alternative dienten, ist ungeklärt – vermutlich nicht, da sie wegen der offenen Seitenteile während der Fahrt herausfallen konnten.

Streitwagen waren ein beliebtes Motiv in der darstellenden Kunst. Im Verlauf des 1. Jahrtausends v. u. Z. hat sich die Vielfalt der Skulpturen von Streitwagen nach Stilformen, Material und Accessoires erheblich erweitert. Je höher der Status von Angehörigen der Elite, die solche Skulpturen in Auftrag gegeben haben, desto wertvoller war das Material. So findet man in der darstellenden Kunst vieler Kulturen der Antike exquisite Werke der Kleinplastik, wie den goldenen Streitwagen mit Zugpferden, Wagenlenker und Passagier aus Zentralasien.

Eine Streitwagenszene aus der Ära der Achämeniden. Kleinplastik, 18,8 cm lang, aus dem Oxus-Goldschatz von Takht-i Kuwad, Tadschikistan, 5. Jahrhundert v. u. Z.

Arische Streitwagenleute in Nordindien

Das 2. Jahrtausend v. u. Z. brachte große Umwälzungen für die Kulturgeschichte Indiens. Die ehemals blühende Induszivilisation erlebte ihren Niedergang, und zwar als Folge starker Klimaschwankungen. Es kam zu zwei extrem divergenten Szenarien. Die Landstriche im nördlichen Einzugsgebiet der Induszivilisation, mit Harappa als urbanem Zentrum, wurden von einer langandauernden Dürrekatastrophe heimgesucht. Der große Nebenfluss des Indus im Nordosten, der Sarasvati, führte bald nur noch wenig Wasser, und wegen mangelnder Niederschläge konnten die Felder nicht mehr ausreichend bewässert werden. Die Siedlungen wurden eine nach der anderen aufgegeben, und die Einwohner zogen in den Süden ab. Am Unterlauf des Indus, mit Mohenjo-Daro als Zentrum, kam es dagegen wegen verlängerter Regenperioden zu Überschwemmungen, und die Stadt wurde vom

Schlamm allmählich zugedeckt. Auch aus jener Region wanderten die Siedler ab.

Die Migranten ließen sich in Südindien nieder, wo sie ihre althergebrachten Kulturtraditionen noch für einige Jahrhunderte beibehielten. Die kommunale Ordnung der früheren egalitären Siedlungsgemeinschaften löste sich im Laufe der Zeit auf. Zurück blieben ein politisches Vakuum und ein Flickenteppich von Klan-Gruppen mit lokalen Chiefs. Im Kreis dieser Chiefs taten sich Warlords hervor, die Anstrengungen unternahmen, territoriale Ansprüche gegenüber anderen Klanen mit militärischen Aktionen durchzusetzen. Es konnte sich keine überregionale neue Ordnung ausbilden. Die Zeit der Unruhen hielt an.

Dies war die Stunde für indoeuropäische Streitwagenleute aus Zentralasien. Sie kamen aus dem Gebiet der Sintashta-Kultur (siehe S. 79), deren Einfluss sich bis ins östliche Zentralasien erstreckte. Diesen Viehnomaden ging der Ruf als erfolgreiche Kämpfer voraus, und die Kunde erreichte auch die Warlords im Nordwesten Indiens. Die Kämpfer auf Streitwagen wurden als Söldner ins Land gerufen, und bald schon wurden die Kriegsmaschinen gezielt in den lokalen Konflikten eingesetzt. Es dauerte nicht lange, und die Streitwagenleute bestimmten die militärischen Einsätze der Warlords. Bald begannen die Kämpfer aus Sintashta sich in Indien niederzulassen und einzurichten.

Der Einfluss der Warlords schwächte sich in dem Maße ab, wie die Eigeninteressen der ehemaligen Söldner zur Geltung kamen. Die einheimischen Warlords wurden verdrängt, und die Streitwagenleute übernahmen selbst das Kommando. Die Viehnomaden aus Zentralasien brachten nicht nur die technische Innovation des Streitwagens nach Indien, sondern mit ihnen wurde auch eine Gesellschaftsform mit sozialer Hierarchie transferiert. Als Mitglieder der Kriegerkaste stellten die Streitwagenleute, die sich selbst Arier (altind. *arya* «Arier, freier Mann, jemand, der die vedische Religion und Kulturtradition pflegt») nannten, nun die Elite. Die Einwanderer gewöhnten sich an agrarische Lebensweisen und wurden sesshaft. Ihre Gesellschaft bauten sie entsprechend den Vorgaben ihrer eigenen sozialen Traditionen auf, was bedeutet, dass sie sich bewusst gegenüber den Einheimischen Indiens mit anderer Sprache und Kultur abgrenzten. Sie gründeten auch kleine regional begrenzte Reiche. Es entwickelte sich ein Kult der Verherrlichung der lokalen Kriegerelite, der Streitwagenleute. Der Kult des glorreichen Kämpfers (Heldenkult) hatte sich schon in der Frühzeit der proto-indoeuropäischen Gesellschaft, in der Eurasischen Steppenlandschaft, entwickelt (Haarmann/LaBGC 2021: 43 ff.).

Das Prestige des Ariertums wurde später auch außerhalb Indiens usurpiert. Europäische Geschichtsklitterer manipulierten das Gedenken an die arischen Kulturheroen zum Instrument ihres Kulturchauvinismus. Vor allem bei den germanischen Völkern war der Arierkult seit dem 19. Jahrhundert populär. Diese Verherrlichung arischer Kulturtraditionen mag im Licht des hohen Alters der altindischen Überlieferung verständlich werden, wenn man bedenkt, dass die Europäer Kulturen nach dem Prinzip kategorisierten: je älter desto ehrwürdiger. Bei den Indern selbst ist der Stolz auf die eigene uralte Zivilisation bis heute Teil des nationalen Selbstwertgefühls.

Der Begriff des Ariers wird in den alten Quellen von Beginn nicht mit ethnisch-anthropologischen Kriterien assoziiert, sondern ist an sprachlich-kulturelle Verhaltensweisen gebunden. «Wenn eine Person den richtigen Göttern in der rechten Art opferte, wobei sie die korrekten Formeln der traditionellen Hymnen und Poesie verwendete, dann war diese Person ein Arier.» (Anthony 2007: 408 f.) Nicht-Arier, Dasyu genannt, erkannten die Arier nach alter Überlieferung daran, dass sie nicht die wahren Rituale ausführten und damit die kosmische Ordnung gefährdeten (Parpola 1988).

Ein Dasyu – sei es ein Angehöriger der Ureinwohner Indiens (Adevasi genannt) oder ein Dravide – konnte ein vollwertiges Mitglied der arischen Gemeinschaft werden, wenn er sich akkulturierte, die Rituale der Arier annahm und praktizierte. Für deren korrekte Ausführung war es natürlich auch erforderlich, die Sprache der Arier zu verstehen. Akkulturation und sprachliche Assimilation waren die Schlüsselfaktoren für die Aufnahme der Dasyu in die Gemeinschaft der Arier. Die lokale dravidische Bevölkerung wurde zu abhängigen

Untergebenen. Es entwickelte sich ein Verhältnis von arischen Kriegern als neuer Elite gegenüber lokalen Pächtern, Zulieferern und Dienstpersonal.

Im Jahr 2018 wurde bei archäologischen Grabungen eine sensationelle Entdeckung gemacht. Nahe dem Dorf Sanauli bei Baghpat in der Provinz Uttar Pradesh brachte man die Reste von Streitwagen ans Licht, die in die Periode um 1800 v. u. Z. datiert werden (<indiatoday.in, 6.6.2018). Die Rekonstruktion der Streitwagen weist eindeutig auf den Prototyp des Wagenmodells aus Sintashta hin. Dies eröffnet neue chronologische Horizonte für die Ankunft auswärtiger Wagenlenker in Nordwestindien – die Aktionen arischer Streitwagenleute setzen offenbar früher ein als nach der konventionellen Chronologie. Möglicherweise überlagern sich die Endphase der alten Induszivilisation und die Periode der politischen Unruhen mit lokalen militärischen Konflikten, an denen Streitwagenleute aus Zentralasien teilnahmen.

Die Reste der Streitwagen von Sanauli bieten eine weitere Sensation. Es wurden Verzierungen und Radteile gefunden, die aus Bronze gefertigt sind. Der Eindruck verstärkt sich, dass die Kulturgeschichte Indiens in der ersten Hälfte des 2. Jahrtausends v. u. Z. nicht nur einen Innovationsschub durch die Einführung des Streitwagens erlebte, sondern noch einen weiteren innovativen Schub, nämlich den Transfer von Know-how zur Bronzeherstellung (Schmelzverfahren von Kupfer und Zinn im Bronzeguss) für die Metallverarbeitung.

Die Herkunft der Streitwagenleute aus Zentralasien lässt sich auch am speziellen Wortschatz rund um den Wagentyp erkennen, der die militärischen Erfolge bei der arischen Landnahme ermöglichte. Dieser Wortschatz zeigt iranische Prägung. Über die Landnahme der Arier wird in den Veden berichtet, den heiligen Texten der vedischen Religion. Während der älteste vedische Text, der *Rig-Veda*, nachweislich bereits komponiert wurde, als die Arier noch im Süden Zentralasiens ansässig waren, also vor der Landnahme, sind die jüngeren Veden, in denen von der Landnahme die Rede ist, in Indien entstanden. «Als die im *Rig-Veda* erwähnten Volksstämme nach Nordwestindien vordrangen, fuhren sie (*vah-*) in Streitwagen (*ratha-*) mit zwei Rädern (*cakra-*), einer Achse (*akṣa-*) und einer Deichsel (*iṣa-*), die von Pferden (*aśva-*) gezogen wurden.» (Parpola 1994: 158) Diese indoeuropäischen technischen Termini weisen auf die enge Verwandtschaft der iranischen mit den indischen Sprachen.

Der Streitwagen erobert den Mittleren Osten

Der Streitwagen als technologische Innovation verbreitete sich in Windeseile und erlebte vielfache Veränderungen im Hinblick auf Bauart und Ausrüstung. Auch sein taktischer Einsatz als Kampfwagen – entweder als Einzelgefährt oder in der Formation – wandelte sich. Der militärische Vorteil, den der Streitwagen bot, hing vom taktischen Geschick der Armeeführer ab, wo, wie und wann sie diese Kampfmaschine einsetzten. Und so wurden dank dieser militärtechnischen Innovation nicht nur Schlachten gewonnen, es konnte sich auch das Machtgefüge in einer Region verändern.

Eine solche Entwicklung war zu beobachten, als eine Gruppe gut organisierter und gerüsteter Nomaden von Zentralasien her in Richtung Südwesten vordrang. Die Konsequenz dieser Drift war eine Verschiebung der politischen Kräfteverhältnisse im Mittleren Osten. Diese indoeuropäischen Streitwagenleute waren die Mitanni, deren Elite sich aufgrund der militärischen Überlegenheit ihrer Waffentechnologie Nordsyrien untertan machte und sich dort für längere Zeit als Machtfaktor etablierte. Ihr Reich wurde um 1600 v. u. Z. gegründet und hatte bis ca. 1260 v. u. Z. Bestand.

Der taktische Einsatz von Streitwagen folgte einem bestimmten Muster, das sich in vielen Kämpfen bewährt hatte. Die Wagen wurden nach Abteilungen aufgeteilt und dienten als Rammbock für die Infanterie. «Sechs solcher Abteilungen (dreißig bis sechsunddreißig Streitwagen) waren mit Infanterie kombiniert unter dem Befehl eines Brigadekommandeurs.» (Anthony 2007: 403)

Die Mitanni haben sogar den mächtigen Assyrern Paroli geboten. In assyrischen Keilschrifttexten werden die Neuankömmlinge

Mi-ta-an-ni oder auch Ha-ni-gal-bat genannt. Bei den Ägyptern hießen sie Naharin. Die regionale Bevölkerung, über die die Mitanni-Elite herrschte, waren Hurrier, deren Kultur und Sprache mit den Völkern im Kaukasus verwandt waren. Die Mitanni kamen zu einem für sie günstigen Zeitpunkt, als das regionale Königreich der Yamhad und das von Amoritern gegründete Reich mit dem politischen Zentrum Babylon von den Hethitern zerstört worden waren. Die damaligen assyrischen Könige waren zu schwach, um den Vormarsch der Mitanni aufzuhalten.

Die Gesellschaft der Mitanni war streng hierarchisch gegliedert. Die Mitglieder der Elite bildeten die Kriegerkaste, *mariyanna* genannt. Der Begriff ist eine Ableitung von indoiranisch *márya* «Streitwagenlenker». Die Mitanni dehnten ihren politischen Einfluss weit nach Westen (bis Anatolien und Syrien) und nach Osten (bis ins iranische Zagros-Gebirge) aus. Ihr Reich umfasste den gesamten Norden des Zweistromlandes. Im Verlauf des 15. und 14. Jahrhunderts v. u. Z. entwickelte sich das Reich von Mitanni zum einflussreichsten Machtfaktor im Mittleren und Nahen Osten. Und so viel steht fest: Ohne den technologisch-militärischen Vorteil des Streitwagens und seiner taktischen Einsetzbarkeit wäre dies den Mitanni nicht gelungen.

Austausch zwischen dem Reich von Mitanni und Ägypten

Zu Beginn der Expansion der Mitanni war das Verhältnis zum Nachbarn Ägypten angespannt, und wegen beiderseitiger Gebietsansprüche auf die Region Nordpalästina und Südsyrien kam es auch verschiedentlich zu militärischen Auseinandersetzungen. Dann aber, in der Regierungszeit von Thutmosis IV. (1412–1402 v. Chr.), «wandelten sich die Beziehungen zwischen Ägypten und Mitanni vom Konflikt zu einer friedlichen Allianz, die durch diplomatische Eheschließungen gefestigt wurde. ... Diese Allianz, mit der vielleicht dem Zuwachs hethitischer und assyrischer Macht begegnet werden sollte, brachte eine Friedensperiode, die wenigstens vierzig Jahre dauerte.» (Roaf 1990: 135 f.) In dieser Phase übte das Reich von Mitanni auf den Nachbarn Ägypten einen nachhaltigen Einfluss aus, vielfältiger, als es durch militärische Eroberung je hätte gelingen können.

Ausschlaggebend für den regen Kulturaustausch waren die engen personellen Beziehungen zwischen den beiden Herrscherhäusern. Insbesondere zwei Prinzessinnen aus dem Reich von Mitanni machten von sich reden und nahmen im 14. Jahrhundert v. u. Z. sogar Einfluss auf die innenpolitischen Geschicke des Reichs am Nil. Dies waren Teje, die Gemahlin von Pharao Amenophis III., und Nofretete, die Hauptfrau von Amenophis IV., dem Häretiker, der sich Echnaton nannte und den Kult des einzigen Gottes, des Lichtgottes Aton, einführte (Haarmann 1998: 13 ff.).

Die engen persönlichen Beziehungen haben letztlich auch den Transfer von Know-how im militärischen Bereich begünstigt. Unbestritten haben ägyptische Rüstungstechniker vom Ideenaustausch mit den Leuten von Mitanni im Bereich der Waffentechnologie profitiert, sowohl im Hinblick auf die Bauweise als auch auf den taktischen Einsatz im Kampf. Gerade was den Streitwagen betrifft, gab es keine höhere Entwicklungsstufe dieser Kampfmaschine als das, was die Mitanni zu bieten hatten. Dieser innovative Schub beförderte eine kontinuierliche Weiterentwicklung des Kampffahrzeugs in Ägypten. Als der Pharao Ramses II. im letzten Viertel des 13. Jahrhunderts v. u. Z. zu seinen Feldzügen aufbrach, hatten ägyptische Wagenbauer bereits ein Spitzenmodell des Streitwagens mit Federung entwickelt (siehe unten zur Schlacht von Kadesch).

Bereits im 14. Jahrhundert v. u. Z., während der Regierungszeit von Amenophis IV. (Echnaton), entstanden große, geräumige Werkhallen, die Platz für Hunderte von Streitwagen boten. Hier wurden Einzelteile für die Wagenkonstruktion hergestellt und standardisiert, schließlich der Wagen zusammengebaut. Es ist nicht übertrieben, hier vom Beginn einer Serienherstellung solcher Fahrzeuge zu sprechen. Werkhallen für Streitwagen haben Archäologen in Achet-Aton (El Amarna), der von Echnaton gegründeten zwischenzeitlichen Hauptstadt, gefunden. Aus späterer Zeit stammen ähnliche Funde mit einer Streitwagenproduktion im imperialen Stil, und zwar aus Pi-Ramesse im Nildelta, der Hauptstadt von Ramses II.

Die Produktion von Streitwagen stellte allerdings nur die materielle Basis für vielerlei weitere Aktivitäten dar. Die Kämpfer und Wagenlenker mussten für ihre speziellen Aufgaben von besonderen Trainern ausgebildet werden. Es reichte zum Beispiel nicht aus, dass jemand ein guter Bogenschütze war. Diese Fähigkeit musste weiter ausgebaut werden, damit der Kämpfer sich daran gewöhnte, von einer Plattform aus zu schießen, die in Bewegung war. Als Bespannung des Streitwagens kamen keine durchschnittlichen Zugpferde infrage. Die Tiere mussten für ihre Aufgabe besonders trainiert werden, damit sie im wilden Kampfgetümmel weder scheuten noch durchgingen.

Ein Land, das es sich leisten konnte, für seine Armee Hunderte oder gar Tausende von Streitwagen mitsamt speziell ausgebildeten Kämpfern und trainierten Zugtieren aufzubieten, war mit Sicherheit eine Großmacht. Und das war Ägypten in der Ära der 18. bis 20. Dynastie des Neuen Reichs, von 1550 bis 1070 v. u. Z. (Veldmeijer/Ikram 2018).

Möglicherweise hat dieser epochale Innnovationsschub in Ägypten Oswald Spengler (1880–1936), den «Philosophen des Untergangs» (Farrenkopf 2001), zu seinen eigenwilligen kulturphilosophischen Betrachtungen angeregt. In einem Vortrag mit dem Titel «Der Streitwagen und seine Bedeutung für den Gang der Weltgeschichte», den er am 6. Februar 1934 in der Gesellschaft der Freunde asiatischer Kunst und Kultur in München hielt, skizzierte er in weit ausholenden Bögen Zusammenhänge zur Entwicklung der frühen Zivilisationen, die vor ihm wohl noch niemand derart konsequent gebündelt hat. Die Erfindung des Streitwagens erhält in Spenglers Panorama der Zivilisationen ein ganz besonderes Gewicht: «Keine Waffe ist so weltverwandelnd geworden wie der Streitwagen, auch die Feuerwaffen nicht. Er bildet den Schlüssel zur Weltgeschichte des 2. Jahrtausends v. Chr., das in der gesamten Geschichte die Welt am meisten verändert hat. Er ist die erste komplizierte Waffe: Der Wagen, das Lenken eines gezähmten

Tieres, die lange Schulung von Berufskriegern, deren Lebensinhalt dieser Kampf von oben herab war, kommen zusammen.» (Spengler 1951: 149) In der Folge habe die Kriegerkaste wegen ihrer führenden Rolle konsequenterweise auch nachhaltigen Einfluss auf die Staatsgeschäfte genommen. Letztlich führte also in Spenglers Pointierung der Streitwagen zu einer Art «Militarisierung» des Kulturlebens.

Die Schlacht auf Rädern: Kadesch (um 1274 v. u. Z.)

Die Effektivität des Streitwagens als Waffengattung führte zu seiner raschen Verbreitung. Schon bald gehörte diese Kriegsmaschine zur Ausrüstung der damals mächtigen Armeen. Für einige Jahrhunderte wurde die Kriegsführung nicht nur im Zweistromland und am Nil, sondern auch am Indus (Teilreiche der Arier) und am Yangtse (Shang-Dynastie) vom Einsatz der Streitwagen bestimmt.

Um die Mitte des 2. Jahrtausends v. u.Z gab es drei mächtige Reiche, deren Armeen mit Streitwagen im großen Stil aufgerüstet waren: das Reich der Hethiter in Anatolien, das Reich der Mitanni im Nahen Osten und das Pharaonenreich. Die Mitanni schieden als Machtfaktor um 1300 v. u. Z. aus. Das politische Vakuum, das die indoeuropäischen Streitwagenleute im Nahen Osten hinterließen, wurde schnell von den Hethitern im Norden und den Ägyptern im Süden gefüllt, die ihren Einflussbereich bis in den Süden Syriens ausdehnten. Dort kam es zur Interessenkollision. Es gab Scharmützel, doch längere Zeit wurde eine größere militärische Konfrontation vermieden. Hethiter wie auch Ägypter verfügten damals über die größten Armeen mit einem enormen technischen Rüstungspotenzial.

Der lange Weg, der den Aufstieg der Hethiter zu einer imperialen Macht ermöglicht hatte, sei hier in groben Zügen skizziert. Als die indoeuropäischen Steppennomaden im Zuge der dritten Kurgan-Migration von Thrakien kommend nach Anatolien einwanderten, führten sie in ihrem Tross vierrädrige Kastenwagen mit. Auch der zweirädrige Transportkarren war bei ihnen in Gebrauch. Das Streitwagenmodell lernten sie über ihre Kontakte zu den sprachverwandten Nomaden Zentralasiens kennen, und später gewannen sie praktische Erfahrung damit durch den Kontakt zu den Mitanni.

Das 3. Jahrtausend v. u. Z. war die Periode, in der indoeuropäische Regionalkulturen in Anatolien Eigenprofil annahmen. Dazu gehörten die Kulturen der Hethiter und Palaier im nördlichen Teil und die der Luwier weiter im Süden. In Kappadokien, wo sich die Hethiter niederließen, dominierte damals politisch das vorindoeuropäische Volk der Hatti. In Anpassung an die politischen Verhältnisse traten Vertreter der hethitischen Aristokratie in die Dienste der hattischen Elite. Dass das Hethitische sich schließlich neben dem Hattischen als Kanzleisprache durchsetzen konnte, war ein Vorzeichen für einen anstehenden Machtwechsel. Die Gründung eines selbstständigen Reichs unter hethitischer Führung ist in die Zeit um 1600 v. u. Z. anzusetzen. Als erster König ist Hattusili I. überliefert (Freu/Mazoyer 2007–12). Das Alte Reich mit der Hauptstadt Hattusa hatte Bestand bis ca. 1450 v. u. Z. In der Folgezeit kam es zu politischen Unruhen, die erst mit der Gründung des Neuen Reichs durch Suppiluliuma I. (reg. ca. 1344–1322 v. u. Z.) endeten. Damals erweiterte sich die hethitische Interessensphäre sowohl nach Westen und Südwesten als auch nach Osten. Damit kam auch das Siedlungsgebiet der Luwier unter hethitische Kontrolle.

In jener Zeit stand auch Ägypten im Zeichen durchgreifender Veränderungen, nachdem sich die politische Ordnung nach dem Intermezzo der Echnaton-Ära wieder stabilisiert hatte. Pharao Ramses II., der 1279 v. u. Z. den Thron bestieg, gerierte sich als ehrgeiziger Herrscher, der die früheren außenpolitischen Interessen seines Landes erneut aufgriff und energisch verfolgte. Zur Interessensphäre der ägyptischen Großmacht gehörten insbesondere Palästina und Syrien. Auf dem Gebiet Syriens kam es zum Interessenkonflikt mit den Hethitern, die von Norden her ihren Einfluss immer weiter nach Süden ausdehnten. Die Zeichen standen bald auf eine militärische Auseinandersetzung großen Stils. Es sollte zu einer der größten Schlachten der Antike kommen.

Im westlichen Syrien gab es eine Festung am Fluss Orontes, nahe der heutigen Grenze zwischen Syrien und dem Libanon. Dies war Kadesch (Qadesh). Im fünften Regierungsjahr von Ramses II. trafen die Armeen der Hethiter und der Ägypter hier aufeinander. Es entbrannte eine Schlacht, bei der mehr Streitwagen zum Einsatz kamen als je zuvor bei Kriegshandlungen. Wegen der weiträumigen Operationen und der Massenbewegung von Streitwagen wird die Schlacht von Kadesch auch als «Schlacht der hethitischen und ägyptischen Streitwagen» (Bell 2006) bezeichnet. Über die Schlacht selbst wird zwar in zahlreichen Quellen – sowohl hethitischen als auch ägyptischen – berichtet, ihr Ausgang ist dagegen fast ausschließlich in der Sichtweise der Ägypter dokumentiert. Die Quellenlage stellt sich folgendermaßen dar:

Die hethitischen Quellen sind Berichte auf Tontafeln in babylonischer Keilschrift aus dem Palastarchiv von Hattusa. Die Zahl dieser Dokumente ist relativ begrenzt. Der Grund dafür mag sein, dass der hethitische Herrscher Muwattalli II., auf dessen Anordnung die Hauptstadt von Hattusa nach Tarhuntassa verlegt worden war, einen Teil der Berichte über die Schlacht bei Kadesch in die neue Hauptstadt bringen ließ. Der auf Muwattalli folgende Regent verlegte die Hauptstadt wieder zurück nach Hattusa. Doch ganz offensichtlich verblieb ein Teil der Dokumente in Tarhuntassa, und die sind verschollen, denn die zwischenzeitliche Hauptstadt ist bis heute nicht eindeutig lokalisiert worden (Schlögl 2006: 284).

Die ägyptischen Quellen umfassen zahlreiche Inschriften mit Bilderfriesen an Tempelwänden, und zwar in Karnak, Luxor, Abu Simbel, Abydos und Derr, außerdem zwei Darstellungen im Ramesseum. Zusätzlich finden sich Berichte auf Papyri (Schneider 1997: 230).

Die Schlacht von Kadesch ist die am besten dokumentierte militärische Operation der Bronzezeit. Alle Quellen bezeugen, dass das Aufgebot an militärischen Kräften auf beiden Seiten enorm groß war. Niemals zuvor hatte es so gewaltige Armeen gegeben, wie sie für die Schlacht bei Kadesch mobilisiert wurden. Und niemals zuvor wurden so viele Streitwagen, nämlich 5000 bis 6000, eingesetzt.

Das hethitische Heer

Aufgeboten wurden ca. 37 000 Mann, dies waren vor allem Fußsoldaten. Außer Hethitern kämpften auch die Einheiten aus Vasallenstaaten des Hethiterreichs auf dessen Seite: aus Naharina, Arwad, Karkemisch, Kadesch, Ugarit, Halpa, Kizzuwatna, Pitassa. Zusätzlich nahmen Söldner aus Lukka und Masa an den Kämpfen teil.

Die Zahl der von den Hethitern eingesetzten Streitwagen wird auf 2 500 bis 3 500 geschätzt. Es waren robuste Fahrzeuge, die zunächst mit zwei, später auch mit jeweils drei Mann besetzt waren. Eine Dreierbesatzung bestand aus dem Wagenlenker, der das Fahrzeug und die Zugtiere im Griff behalten musste, dem Kämpfer (siehe unten zur Ausrüstung) und dem Schildträger, der diesen gegen feindliche Wurfgeschosse schützte. Die Bewaffnung des Kämpfers bestand vornehmlich aus Wurfspeeren, Hiebwaffen und/oder Pfeil und Bogen, wobei die Hiebwaffen aus gehärtetem Stahl gefertigt waren. Die Härtung von Eisen war eine hethitische Innovation in der Metallverarbeitung (Quiring 1964: 118 ff.).

Während der Kampfhandlungen blieb der Streitwagen häufig auf Abstand gegenüber den Fußsoldaten, und der Kämpfer schoss von der Fahrkanzel herab. Doch an Brennpunkten wurde der Wagen auch nah ans Kampfgeschehen herangefahren, der Kämpfer sprang ab und agierte am Boden. Der Wagenlenker war bemühte, sich nahe beim Kämpfer zu halten, damit dieser für die Weiterfahrt schnell zurück auf den Wagen springen konnte, um an anderen Brennpunkten eingesetzt zu werden.

Das ägyptische Heer

In der Armee, die Ramses aufstellte, waren 20 000 Mann in insgesamt vier Divisionen eingeteilt. Auch hier waren es Einheiten mit Fußsoldaten, die von Streitwagenabteilungen unterstützt wurden. Rund 2 000 Wagen waren im Einsatz. Das ägyptische Streitwagenmodell war kleiner als das hethitische, hier fanden zwei Mann Platz.

Ramses II. auf seinem Streitwagen in der Schlacht bei Kadesch, Nachzeichnung nach einem altägyptischen Relief in Giseh

Jede der Gefechtseinheiten hatte einen eigenen Namen. Dies waren die Namen der Hauptgötter im ägyptischen Pantheon: Amun, Re, Ptah, Seth (Breasted 1978: 241). Zu den Elitekriegern in der Armee der Ägypter gehörten nubische Bogenschützen. Deren Bewaffnung bestand aus Langbögen, mit denen eine Schussweite von bis zu 90 Metern erreicht werden konnte. Sie können als die ersten Langstreckenwaffen der Geschichte bezeichnet werden. Außerdem gehörten Söldner der Schardana (bzw. Sherden, eine noch wenig bekannte Gruppe der sogenannten «Seevölker») zum Aufgebot. Die Hiebwaffen der ägyptischen Kämpfer waren aus Bronze gefertigt.

Der ägyptische Streitwagen war leichter gebaut als der von den Hethitern verwendete Wagentyp. Die Deichsel war bis zu 2,60 Meter lang, die Achsenbreite lag bei 2–2,3 Metern. Die Gesamtlänge des Wagens betrug 2,5–3 Meter. Die Räder hatten entweder sechs oder vier Speichen und einen Durchmesser von rund 1 Meter. Eine Besonderheit des ägyptischen Wagenmodells war, dass der Kasten (bzw. die

Transportplattform) mit Lederbändern am Rahmen befestigt war. Dies bewirkte ein gewisses Maß an Federung (El-Aref 2013).

Der Verlauf der Schlacht

Das Kommando über die ägyptische Streitmacht lag beim Pharao, und der zeigte sich unbeherrscht und ohne taktisches Geschick. Es kam hinzu, dass die ägyptische Aufklärung unzureichend war. Die vier Divisionen wurden mit einem Abstand von einem Tagesmarsch in Bewegung gesetzt, vorneweg der Pharao mit der Amun-Einheit. Die Hethiter hatten Spione ausgesandt, die den Ägyptern glaubwürdig einredeten, dass ihr Feind noch weiter im Norden (in der Gegend von Aleppo) verblieben war. Tatsächlich stand das hethitische Heer bereits östlich von Kadesch in Bereitstellung.

Der Pharao setzte mit der Amun-Division über den Orontes. Gleichzeitig attackierten die Hethiter die nachfolgende Re-Division, als sie dabei war, der Amun-Division zu folgen. Der Angriff kam für die Re-Einheit völlig überraschend, denn sie vermuteten die Hethiter noch weit entfernt. Die Re-Einheit wurde überrollt, die Soldaten zerstreut. Schließlich war die ganze Division in Auflösung begriffen, und die Reste der Einheit zogen sich zurück.

Anschließend setzten die Hethiter über den Fluss und umzingelten Ramses mit seiner Amun-Einheit. Es begann ein Abnutzungskampf. Die hethitischen Streitwagen attackierten das provisorische Lager des Pharaos unablässig. Die der Re-Einheit nachfolgende Ptah-Division war noch zu weit entfernt und konnte nicht schnell genug heranmarschieren, um Entlastung zu erreichen. Der Pharao hatte Schiffe mit Nachschub in den Hafen von Byblos beordert. Von dort kamen – vorab wohl nicht geplant – Einheiten der Nachschubtruppen, die dem Pharao die schmähliche Flucht ermöglichten.

Die Hethiter nutzten ihre Chance nicht, der flüchtenden Armee des Pharao nachzusetzen. So gelang es Ramses, nach Ägypten zurückzukehren. Wegen der Unzulänglichkeit der taktischen Planung kamen die Ptah- und die Seth-Divisionen gar nicht zum Einsatz. Diese zogen sich kampflos mit dem Pharao zurück. Das ägyptische Heer war damit zwar nicht besiegt, hatte aber den Hethitern das Feld überlassen.

Der lange Weg zum Frieden

Rein militärisch betrachtet war es den Hethitern gelungen, ihren politischen Einflussbereich in Syrien zu festigen. Die ehemaligen Vasallen Ägyptens im Nahen Osten nutzten die Schwäche des Reichs am Nil und verweigerten die Tributzahlungen an den Pharao.

Doch es sollte nicht lange dauern, und das Hethiterreich wurde durch interne dynastische Fehden geschwächt, was den hartnäckigen Pharao erneut auf den Plan rief. Kaum drei Jahre nach dem für ihn beschämenden Ausgang der Schlacht von Kadesch setzte der Herrscher zu neuen militärischen Operationen an. Er hatte aus den Fehlern von Kadesch gelernt. Seine weiteren Feldzüge in den folgenden Jahren waren weitaus besser vorbereitet und wurden mit guter taktischer Planung durchgeführt. Eine Serie von Einzelsiegen in Palästina und Syrien (Tyros, Sidon, Beirut, Byblos, Tunip und Dapur) brachte die Kontrolle auch über die Täler der Flüsse Eleutherus und Orontes. Das Hethiterreich zeigte sich nicht mehr in der Lage, dem energischen Vormarsch der Ägypter entgegenzutreten. Die militärischen Operationen von Ramses II. hatten Realitäten geschaffen, die praktisch den Vorteil zunichte machten, den die Hethiter in der Schlacht von Kadesch für sich erreicht hatten.

Ramses II. war sich allerdings bewusst, dass es wenig sinnvoll wäre, die Hethiter weiter herauszufordern. Allmählich kam es zu einer Annäherung, doch dies war «ein langer Weg zum Frieden» (Klengel 2002). Die Herrscher beider Reiche trafen eine Vereinbarung, den von Ramses II. neu geschaffenen Status quo beizubehalten und die Interessensphären der Machtblöcke auf diese Weise gegeneinander abzugrenzen. Inzwischen hatte im Hethiterreich ein weiterer Thronwechsel stattgefunden. Der neue Regent Hattusili III. und Ramses II. leiteten Friedensverhandlungen ein, und es wurde der Text für einen

Friedensvertrag aufgesetzt (Klengel 2002). Die feierliche Unterzeichnung dieses zweisprachigen Vertragswerks fand im 21. Regierungsjahr von Ramses II. statt: 1259 v. u. Z.

Der in Hieroglyphenschrift abgefasste ägyptische Text des Vertrags ist schon seit dem 19. Jahrhundert bekannt. Doch erst die Entdeckung des Palastarchivs von Hattusa, zwischen 1907 und 1911, und die Auswertung von dessen Textdokumenten ermöglichten die Absicherung der hethitischen Textversion in Keilschrift (Edel 1997).

Im Vertrag ist von «Bruderschaft» der beiden Reiche die Rede. Dies wird von Historikern als charakteristische Metapher für entspannte politische Beziehungen während der Bronzezeit interpretiert. Der Vertrag umfasst weiterhin ein Abkommen über eine Militärallianz der beiden Staaten, mit Schutzbestimmungen und Hilfeleistungen für die jeweils andere Seite. Interessant ist eine eigene Klausel zur Asylverweigerung. Asylanten, die von einem Land in das andere flohen, sollten nicht aufgenommen, sondern ins Ausgangsland zurückgebracht werden (Klengel 2002: 88 f.).

Wegen der besonderen Umstände, unter denen dieser Friedensschluss zustande kam, sowie wegen des außergewöhnlichen Inhalts der Vereinbarung ist dieses Dokument als der erste Staatsvertrag der Weltgeschichte gewertet worden (Schmidt 2002). Eine Kopie ist in der Eingangshalle des UN-Hauptgebäudes in New York ausgestellt. Die moderne Wissenschaft zeigt sich kritisch gegenüber der Einschätzung als frühestes Dokument für einen Friedensschluss. Es habe bereits ähnliche Abschlüsse in früherer Zeit gegeben. Doch sind ältere Dokumente nicht erhalten.

Der Vertragsabschluss eröffnete eine neue Ära in den ägyptisch-hethitischen Beziehungen. Der Austausch von Waren, Kulturgütern und Informationen verstärkte sich. Es wurden auch soziale Bindungen mit politisch-diplomatischer Tragweite geknüpft. So gab Ramses II. dem hethitischen König auf dessen Bitte eine seiner Töchter zur Frau. Über den ägyptisch-hethitischen Vertrag wurde eine nie dagewesene Normalisierung der zwischenstaatlichen Beziehungen erreicht. Der Ausgleich zwischen den beiden Supermächten der damaligen Zeit dauerte während der Regierungszeit von Ramses II. an und hatte auch darüber hinaus während der Regentschaft von dessen Nachfolger Merenptah (1213–1204 v. u. Z.) Bestand.

Kriegstechnik in der Antike

Nach der großen Schlacht von Kadesch, bei der Streitwagen massiv zum Einsatz kamen, gab es in der Antike nur noch wenige militärische Konfrontationen, die mithilfe dieser Kampfmaschinen gewonnen wurden. Der politische Umsturz, der Ende des 2. Jahrtausends v. u. Z. in China stattfand, markiert den letzten Höhepunkt der Streitwagenära in Ostasien.

Die Shang-Dynastie wurde von den Herrschern der westlichen Zhou gestürzt. Dies geschah im Jahr 1046 v. u. Z. Der Sieg über die einst mächtigen Shang-Herrscher konnte vermutlich nur gelingen, weil die Armeeführer der Zhou neue taktische Manöver einführten. Zum ersten Mal in der Kriegsgeschichte Chinas wurden Streitwagen von ihnen massiv eingesetzt, während sie in der Shang-Armee nur in kleineren Einheiten zur Unterstützung der Fußsoldaten operierten. Während der langen Ära der Zhou-Dynastie (westliche Zhou ab 1046 v. u. Z., östliche Zhou 771–256 v. u. Z.) wurden Streitwagen regelmäßig für militärische Operationen verwendet, wenngleich in der Spätzeit die Reiterei eine immer größere Rolle spielte.

Im Nahen Osten verlor der Streitwagen als Kriegsmaschine in der ersten Hälfte des 1. Jahrtausends v. u. Z. an Bedeutung, denn die mobile Kriegsführung ging – wie in China – immer mehr an die Reiterei über. Als im 8. Jahrhundert v. u. Z. das Neuassyrische Reich erstarkte und eine militärische Vormachtstellung im Mittleren Osten erreichte, verdankte die assyrische Armee ihre Erfolge noch dem Einsatz von Streitwagen. Damals konnte der König von Assyrien rund 2000 Streitwagen aufbieten.

Doch in den Jahrhunderten danach stützten sich die Armeen in erster Linie auf die Reiterei, um Angriffe durchzuführen und Durchbrüche zu erreichen. Der Perserkönig Dareios I., der Große (reg. 522–486 v. u. Z.), plante im Jahr 513 v. u. Z. einen Feldzug gegen die Skythen im Gebiet der pontischen Steppe nördlich des Schwarzen Meers. Zur persischen Armee gehörten auch Streitwagenabteilungen. Die Wagenräder waren mit Sicheln ausgerüstet, je drei auf beiden Seiten, die in der Radmitte, rings um den Knauf, montiert waren. Um seine Streitmacht nach Europa zu bringen, ließ der Perserkönig eine Brücke über den Bosporus bauen. Die Perser zogen durch Thrakien bis zur Donau. Auch dort wurde eine Brücke gebaut. So gelangten die persischen Soldaten auf die nördliche Seite des Flusses. Dareios hatte vor, die skythischen Dörfer zu überrennen und die skythische Reiterei zu vernichten. Aber es kam anders.

Die Skythen verließen ihre Dörfer mit Hab und Gut vor der Ankunft der persischen Armee, und es gelang ihnen, die Perser immer weiter ins Inland zu ziehen, wobei sie eine direkte Konfrontation vermieden. Die große Mobilität der berittenen skythischen Krieger, die keine Streitwagen verwendeten, versetzte sie in die Lage, auf Distanz von ungefähr einem Tagesmarsch zur Armee der Perser zu bleiben. Zu einer offenen Schlacht ist es nicht gekommen, weil Dareios irgendwann erkannte, dass seine Armee Gefahr lief, von Nachschub und Entsatztruppen abgeschnitten zu werden. So zogen die Perser schließlich ab, ohne dass es zu Kampfhandlungen gekommen wäre (Cunliffe 2019: 42 f.).

In der Kriegsgeschichte des antiken Griechenland spielten Streitwagen nach der mykenischen Ära keine entscheidende Rolle mehr. Der Umschwung vom massiven Einsatz solcher Kampffahrzeuge zum Gefährt für Einzelkämpfer wird deutlich, wenn man sich die Kampfszenen in der epischen Literatur, in Homers *Ilias*, vergegenwärtigt (siehe Kapitel 5). Der mythisch verklärte Trojanische Krieg wird um 1200 v. u. Z. datiert. Im kulturellen Gedächtnis der Griechen des 8. Jahrhunderts v. u. Z., zur Entstehungszeit der Epen, war die Bedeutung des Streitwagens bereits reduziert auf die Funktion einer Art «Truppentransporter» für Einzelkämpfer zum Schauplatz des Kampfes. In den Kämpfen um Troja blieb der Streitwagen reserviert für die

Elite der allein für sich kämpfenden Krieger. Während der griechischen Antike dominierte die Phalanx, eine Formation schwer bewaffneter Kämpfer, die als Stoßkeil bei Angriffen eingesetzt wurde.

In Herodots *Historien* aus dem 5. Jahrhundert v. u. Z. ist keine Rede mehr von Schlachten mit Streitwagen. Lediglich in Buch IV (193) findet sich ein isolierter Hinweis auf die Zauekes (ein Nachbarvolk der Libyer), «deren Frauen zu Kriegszeiten als Streitwagenlenkerinnen dienen».

Die Tradition des Einsatzes von Streitwagen für militärische Operationen hielt sich bei den Kelten (bei Festlandkelten und den Kelten in Britannien) vergleichsweise am längsten. In der von Tacitus verfassten Biographie von Gnaeus Iulius Agricola, dem römischen Statthalter in Britannien, findet sich die letzte Erwähnung von Streitwagen im Kampfeinsatz, und die bezieht sich auf die Schlacht am Mons Graupius im Jahre 83 u. Z.

Die Ablösung der Streitwagen durch die Reiterei zur Zeit Alexanders des Großen

Während der Feldzüge Alexanders des Großen im 4. Jahrhundert v. u. Z. spielten Streitwagen praktisch keine kriegsentscheidende Rolle mehr. Seine Siege verdankte Alexander seiner Kavallerie und seinen für taktische Manöver gut trainierten Fußsoldaten. Die persische Armee war den Elitetruppen Alexanders, was die Zahl der Soldaten betraf, weit überlegen, und diese waren kampferfahren. Außerdem setzten die Perser, wie wir gesehen haben, mit Sicheln ausgerüstete Streitwagen ein, aber Alexanders Infanteristen waren darauf gedrillt, deren verheerender Wirkung auszuweichen. Alexanders Kriegsführung unterschied sich fundamental von den konventionellen militärischen Taktiken der damaligen Zeit. Die Schlacht bei Issos (333 v. u. Z.), mit der der Feldzug Alexanders in Persien erfolgreich beendet wurde, ist dafür der beste Beweis.

Die Perser hatten sich am Fluss in einer Weise aufgestellt, dass Alexanders Soldaten nicht genügend Platz gehabt hätten, um nach der Überquerung des Flusses Formationen für einen Angriff zu bilden. Alexander schickte aber seine Reiterei in schräger Formation über den Fluss, und sobald ein Reiter aus dem Wasser ans andere Ufer gelangt war, stürmte er sofort an den persischen Linien entlang los. Auf diese Weise bildete sich eine lange Kette stürmender Kavalleristen, die so lange an der feindlichen Linie vorpreschten, bis sie eine Lücke in den Reihen der persischen Infanteristen entdeckten. Dann setzten sie zum Angriff an, brachen in die Reihen der gegnerischen Fußsoldaten ein und hieben mit ihren Schwertern auf diese ein. Diese völlig unkonventionelle Kampftaktik überraschte die persischen Soldaten.

Zur Verwirrung trugen auch die griechischen Fußsoldaten bei, die den Reitern folgten. Diese Infanteristen waren als Einzelkämpfer trainiert und somit den persischen Soldaten überlegen, die für den Kampf in Formation ausgebildet waren. Im Kampfgetümmel ohne Schlachtordnung verloren die persischen Soldaten bald die Orientierung. Nach einer Phase intensiver Kämpfe waren die persischen Formationen in Auflösung begriffen, und die Fußsoldaten suchten ihr Heil in der Flucht. Die große persische Armee hatte die Schlacht aufgrund des unkonventionellen Einsatzes von Alexanders Reiterei verloren.

Bei dieser Auseinandersetzung stand der persische König Dareios III. als Oberbefehlshaber seiner Armee auf einem Streitwagen. Er zog damit aber nicht in den Kampf. Vielmehr diente der Wagen mit großen Rädern von ca. 1 Meter Durchmesser, als erhöhter «Feldherrnhügel», von dem aus der Perserkönig die Bewegungen seiner Truppen verfolgen konnte.

Prunk- und Paradefahrzeuge

Als Militärmaschine ist der Streitwagen Objekt der Kriegsgeschichte, als Instrument für die Durchsetzung politischer Machtansprüche ist er Objekt der Geschichte von Herrschertümern. Doch es gibt noch eine andere, davon unabhängige Nutzung dieses Wagentyps, nämlich als

Perserkönig Dareios III. auf seinem hohen Streitwagen – einem fahrbaren «Feldherrnhügel» – in der Schlacht bei Issos. Mosaikbild aus Pompeji, um 100 v. u. Z.

Repräsentationsvehikel. Diese Funktion lässt sich bereits sehr früh nachweisen.

Den Archäologen, die die Kriegergräber von Sintashta freilegten, fiel auf, dass von Beginn der Einführung des zweirädrigen Streitwagens zwei Modelle in Gebrauch waren. Das eine war von seinen Maßen her leicht als Militärmaschine zu identifizieren. Das andere Modell, deutlich kleiner, wäre für Kampfeinsätze ungeeignet gewesen. Eine naheliegende Erklärung ist, dass Anführer der Kriegerkaste eines Klans oder Krieger, die in erfolgreichen Kämpfen Ruhm erlangt hatten, ein solches kleineres Streitwagenmodell zur Repräsentation ihres gehobenen Status benutzten. Damit zeigten sie sich, etwa in Triumphzügen, vor den Angehörigen ihres Klans oder vor den anderen Mitgliedern der Kaste, sicher auch als Anreiz für diese, ebenfalls nach Ruhm zu streben.

Die duale Funktion des Streitwagens, zum einen als Militärma-

Echnaton, Nofretete und Gefolge mit ihren Prunkwagen auf der Fahrt zu einem Tempelbesuch. Wandrelief aus der Nekropole von Tell el-Amarna, 18. Dynastie, 14. Jahrhundert v. u. Z. Unter den Nachfolgern wurden die Namen getilgt.

schine, zum anderen als Statussymbol und Repräsentationsvehikel, setzte sich fort, wohin auch immer sich dieser Wagentyp verbreitete. In den Gräbern der Shang-Dynastie im Norden Chinas sind, wie in Sintashta, beide Modelle vertreten, d. h. Streitwagen in Normalformat und solche in Kleinformat. Für Kriegseinsätze und zur Repräsentation diente der Streitwagen auch in den Reichen des Mittleren Orients und im Nahen Osten, in Mesopotamien, bei den Hethitern in Anatolien, den Mitanni, den Assyrern, und weiter im Süden, im Ägypten zur Zeit des Neuen Reichs.

In den Reliefbildern des Pharaonenreichs verbindet sich mit der Funktion des Wagens als Statussymbol eine Überhöhung der Gestalt des Herrschers, der größer als andere Personen dargestellt wird. In vielfacher Ausfertigung, sozusagen als Serienproduktion, sind Tempelwände und Obelisken mit Bildern des siegreichen Ramses II. auf seinem Streitwagen dekoriert. Hier wird er als Teilnehmer an Kampfhandlungen dargestellt. Doch auch wenn sich der Pharao im eigenen Land in der Öffentlichkeit zeigte, fuhr er auf einem Streitwagen, der vergoldet und reich dekoriert war. Schon vor seiner Regierungszeit hatten andere Herrscher die Prestigefunktion des mobilen Statussymbols erkannt und genutzt. Berühmt sind die Streitwagen aus dem Grab des jung gestorbenen Pharaos Tutanchamun im Tal der Könige bei Luxor.

Eine Ausnahme in der pharaonischen Gesellschaft war es, weibliche Gestalten allein und nicht in Begleitung des Herrschers auf Repräsentationsvehikeln stehend abzubilden. Die berühmteste Frau Ägyptens auf einem Streitwagen ist sicher Nofretete, als «Große Königsgemahlin» von Pharao Echnaton die First Lady der 18. Dynastie. Zwar sind die meisten Bilder mit Mitgliedern der Königsfamilie nach Echnatons Tod zerstört worden, aber in der Ruinenstadt von Achet-Aton haben Archäologen solche seltenen Reliefs ans Licht gebracht. «Im Grab des Panehesi ist eine sehr lebhafte, die ganze Ostwand einnehmende Szene wiedergegeben, die die Ausfahrt der königlichen Familie nebst Hofstaat zeigt ... Die Fahrtrichtung ist von rechts nach links. Nofretete ist allein im Streitwagen dargestellt, ihrem Mann folgend. Sie, die Pferde und der Streitwagen sind kleiner als Echnaton wiedergegeben.» (Huyeng/Finger 2015: 112f.)

Allein daraus, dass Nofretete auf der Plattform des als Kampffahrzeug konzipierten Vehikels steht, ist also nicht die Schlussfolgerung zu ziehen, dass sie als Feldherrin an Kriegshandlungen teilgenommen hat. Vielmehr ging es um die Repräsentationsfunktion und Zurschaustellung ihres privilegierten Status, des höchstmöglichen für eine Frau in Ägypten.

Im Pharaonenreich wurde an Material nicht gespart, um den Streitwagen des Herrschers eben «herrschaftlich» auszustatten. Die Prunkwagen aus dem Grab von Tutanchamun mit ihrer goldenen Pracht bleiben ohne Vergleich. Auch andere ikonische Persönlichkeiten der Antike werden auf Streitwagen abgebildet, beispielsweise Iulius Caesar oder Kleopatra, anlässlich von deren triumphalem Einzug in Rom.

In römischer Zeit kam eine besondere Funktion hinzu, die es in der griechischen Antike nicht gab. Der Streitwagen diente als Paradevehikel für siegreiche Armeeführer, die eine wichtige Schlacht gewonnen hatten und denen die Gunst eines Triumphzugs durch die Stadt Rom gewährt wurde. Der Feldherr zog auf seinem Streitwagen stehend durch die Stadt, deren Straßen von jubelnden Zuschauern gesäumt waren. Ernüchternd sind die Maßgaben, nach denen man sich einen solchen Triumphzug «verdiente»: Der erfolgreiche Schlachtenlenker musste mit seiner Armeeeinheit mindestens 5000 Feinde erschlagen haben, um in den Genuss dieser Ehrung zu gelangen. Insofern war der Triumphzug im wahrsten Sinn des Wortes eine Massenveranstaltung, sowohl im Hinblick auf die Zuschauer in Rom als auch auf die Zahl der vernichteten Feinde.

Zu den zahlreichen nichtmilitärischen Funktionen des Streitwagens gehörte auch seine Verwendung als mobile Plattform für Schützen bei Jagdausflügen. Dies war allerdings Vertretern der Elite vorbehalten. Eindrucksvolle historische Jagdszenen sind zum Beispiel in der Residenz der ehemaligen Schahs bei Teheran zu sehen.

Der Streitwagen wurde weltweit zum Prestigeobjekt, einerseits aufgrund von Geschichten über seine militärische Durchschlagskraft, andererseits wegen der vielfältigen symbolischen Ausdeutung dieses Wagenmodells. So erlangte der Streitwagen auch ikonische Bedeutung in Kulturen, wo er nie zur Anwendung kam. Ein Beispiel sind die Heldengeschichten in der irischen Erzähltradition.

Hier sind es oft Streitwagenkrieger, deren Ruhm verherrlicht wird (Birkhan 1999: 952 ff.). Selbst die Zugpferde des Streitwagens, mit dem der Held fährt, werden namentlich genannt. In der Erzählung *Aided Chon Culainn* («Der Tod von Cú Chulainn») heißen die Pferde des Helden und Wagenlenkers Liath Macha und Dub Sainglenn. Der sogenannte Ulster-Zyklus greift hier auf prestigeträchtige Stoffe und

Motive zurück, die zwar im weiteren keltischen Kulturkreis eine aktive Rolle spielten, von denen man auf der Insel Irland aber nur vom Hörensagen wusste. In Irland waren zu keiner Zeit Streitwagen in Gebrauch, wohl aber an der gegenüberliegenden Küste von Wales. Dies hat im Fund eines Kampfwagens bei den Ausgrabungen von Llyn Cerrig Bach (auf der Insel Anglesey, die der Nordwestküste von Wales vorgelagert ist) seine Bestätigung gefunden (Birkhan 1999: 338f., 607ff.).

Symbolische Bedeutung als Repräsentationsgefährt hat der Streitwagen bis in die Kunstgeschichte der Neuzeit behalten. Der Repräsentationsbedarf, der sich seit dem 2. Jahrtausend v. u. Z. in der Verwendung des Streitwagens als Paradevehikel auskristallisierte, setzt sich bis heute fort. Eigentlich hat sich nur das Wagenmodell geändert. Die Museen der Welt sind gefüllt mit historischen Prunkwagen – und solche Vehikel sind auch in unserer Zeit in Gebrauch.

Ob nun der britische König anlässlich von Festlichkeiten in einer prunkvoll ausgestatteten historischen Kutsche vorfährt oder in einer Nobelkarosse von Rolls Royce, ob internationale Spitzenpolitiker in schwarzen gepanzerten Festungen dezenter Eleganz anrollen oder Stars des Showbusiness glitzernden Luxuslimousinen entsteigen – für Prominente aller Art gilt: Wagen machen Leute.

Seit der Antike haben Wagen ihren Platz in festlichen Umzügen oder Prozessionen, seien sie nun religiöser oder weltlicher Natur. Der weltbekannte Carnaval do Rio oder die Karnevalsumzüge in Deutschland sind nicht nur eine Show der Kostüme und kreativen Outfits, sondern auch der Prunkwagen mit Sonderaufbauten und fantasievoller Ausstattung. Darunter ist manchmal auch das Modell eines Streitwagens zu sehen, von dem aus «römisch» verkleidete Akteure den Zuschauern zuwinken.

5.

Der Streitwagen als Symbol in der griechischen Welt

Die Menschen der griechischen Antike kannten Streitwagen im militärischen Einsatz nurmehr aus der epischen Dichtung, die über den Trojanischen Krieg berichtete. Der hatte viele Jahrhunderte vor der Abfassung der Epen stattgefunden, etwa um 1200 v. u. Z.; seine Ereignisse wurden mythisch verklärt im kulturellen Gedächtnis tradiert. Das zentrale Werk, in dem Geschichten voller Kampfszenen mit Streitwagen erzählt werden, ist die *Ilias*. Dieses Epos aus dem 8. Jahrhundert v. u. Z. wird dem blinden Dichter Homer zugeschrieben.

Nicht als Kampfmaschine, sondern in anderen, friedlichen Funktionen spielte der Streitwagen bei den antiken Griechen eine vertraute Rolle, als Fahrzeug bei sportlichen Wettkämpfen wie bei den Olympischen Spielen, als Prunkkarosse der Götter aus der Mythologie (in Mythen über Helios und Athene) und als Medium für philosophische Erörterungen wie bei Platon.

Wagenrennen und Olympische Spiele

Wagenrennen gehörten zu den Disziplinen anlässlich der Olympischen Spiele, die seit 776 v. u. Z. alle vier Jahre auf dem Gelände der heiligen Stätte von Olympia im Westen der Peloponnes abgehalten wurden. Solche Rennen mit zweirädrigen Streitwagen wurden entweder für zwei Pferde (*synoris*) oder für vier Pferde (*tetthrippon*) durchgeführt.

Wagenrennen werden schon in Homers *Ilias* erwähnt (Bennett 1997: 41ff.), in der es heißt, dass Achilles ein Wagenrennen veranstaltete, um seinen Freund Patroklos zu ehren. Dieser war im Kampf getötet worden. Das erste historisch bezeugte Wagenrennen fand im Jahr 680 v.u.Z. anlässlich der Olympischen Spiele statt. An diesem Rennen waren Vierspänner beteiligt, es ging über eine Distanz von 13 Kilometern. Die Wagenrennen erfreuten sich besonderer Beliebtheit, und zum klassischen Rennen mit Vierspännern kamen später auch Zweispänner hinzu. Die Längen der Rennstrecken wurden ebenfalls variiert.

Die Wagenrennen unterschieden sich insofern von den anderen Sportarten, als die Wagenlenker bekleidet waren, also nicht nackt antraten wie die Teilnehmer anderer Disziplinen.

Die Etrusker übernahmen im 7. Jahrhundert v.u.Z. die Tradition der Wagenrennen von den Griechen und führten diese Form des Wettkampfs in Italien ein. Die Römer ihrerseits verdanken diese Art des sportlichen Wettkampfs ihren etruskischen Lehrmeistern.

Es heißt, dass eine Beteiligung an den Wettkämpfen in Olympia, so auch am Wagenrennen, ausschließlich Männern vorbehalten war. Frauen waren nicht zugelassen. Doch da gab es die eine berühmte Ausnahme. Der König von Sparta überlegte sich einen Trick für die Spiele des Jahres 396 v.u.Z. Er empfahl seiner Schwester Kyniska, Besitzerin eines Reitstalls, ein Gespann anonym ins Rennen zu schicken, was sie auch tat. Tatsächlich gewannen ihre Pferde, «und sie wurde damit die erste Frau, die bei den Olympischen Spielen siegte» (Miller 2012: 13). Preise wurden nicht an den siegreichen Wagenlenker vergeben, sondern an den jeweiligen Reitstallbesitzer. Aber Kyniska ließ eine Statue errichten zur Erinnerung an ihren Sieg. In der Inschrift auf dieser Statue war zu lesen: «Mein Vater und meine Brüder sind Könige von Sparta, aber es ist Kyniska, siegreich im Streitwagenrennen der flinkhufigen Pferde, die dieses Bildnis errichten ließ und sich feiern lässt als die einzige Frau in ganz Griechenland, der die Siegerkrone überreicht wurde.» (zitiert nach Hall 2014: 169)

Auch in römischer Zeit behielt der Streitwagen seine prominente

Eine junge Frau, vermutlich Kyniska, die Schwester des Königs von Sparta, gewinnt ein Wagenrennen in einem Vierspänner, Vasenbild.

Rolle bei Wagenrennen. Die Streitwagengespanne hatten verschiedene Benennungen, je nach der Zahl der Zugpferde. In allen Bezeichnungen ist das Wort *iugum* «Joch, Gespann» plus Zahlwort enthalten:

biga: Gespann mit zwei Pferden
triga: Gespann mit drei Pferden
quadriga: Gespann mit vier Pferden.

Von der besonderen ikonographischen Rolle der Quadriga wird noch die Rede sein.

Die lenkende Göttin Athene

In der epischen Dichtung stehen die Taten der Kriegshelden im Trojanischen Krieg im Vordergrund. Doch es gibt auch andere Akteure mit zentraler Bedeutung, nämlich göttliche Gestalten der griechischen Mythologie. Helden und Gottheiten interagierten auf eine ganz besondere Weise miteinander, und meist sind diese Gottheiten Göttinnen, allen voran Athene. Wie kommt es, dass Göttinnen Helden begleiten und sie zusammen hochgesteckte Ziele erreichen? Und was haben Streitwagen damit zu tun? Antworten auf diese Fragen findet man, wenn man sich auf die Suche nach den Ursprüngen des Heldenkults macht, und diese Suche führt uns weit zurück in die Kulturgeschichte.

Der Heldenkult und das Streben nach Ruhm, die unsere «Kultur der Prominenz» (Barron 2014) charakterisieren, haben eine lange Geschichte, deren Anfänge sieben bis acht Jahrtausende zurückliegen. Es geht hier «um nicht weniger als die Geschichte der westlichen Zivilisation. Es geht auch um die Geschichte des Individuums, und deshalb geht es auch um die Geschichte menschlicher Psychologie» (Giles 2000: 12). Als gesellschaftliche Institution hat sich der Heldenkult zuerst bei den prähistorischen Viehnomaden in der Eurasischen Steppe ausgebildet. Er erscheint in vielerlei Varianten, und die Geschichte seiner Verbreitung aus der südrussischen und ukrainischen Steppe Richtung Westen ist facettenreich. Die größte Konfrontation mit einer anderen Zivilisation erlebte der Heldenkult in Südosteuropa, wo es zu weitreichenden Fusionsprozessen mit der dortigen Kultur kam (Haarmann/LaBGC 2021).

In der griechischen Antike öffnet sich die Bühne für ein grandioses Spektakel, für die Interaktion der Heldengestalten aus der Steppe mit der Gestalt der Großen Göttin Alteuropas, der Donauzivilisation, und ihren ‹Töchtern›, den starken Frauen der griechischen Mythologie (Haarmann/LaBGC 2021). Was haben nun die Helden mit den Göttinnen zu schaffen? Helden sind stark, tapfer, klug, kämpfen mit Entschlossenheit gegen Monster und sterbliche Feinde. Aber Helden haben auch eine große Schwäche: Sie fürchten sich davor, zu sterben, bevor ihnen Ruhm und Anerkennung zuteil werden. Deshalb suchen sie Schutz und wohlwollende Unterstützung bei göttlichen Instanzen.

Auf ihrer Suche nach göttlichem Patronat vertrauen sie sich eigenwilligerweise nicht mächtigen männlichen Gottheiten an, weder dem allmächtigen Zeus noch dem Kriegsgott Ares. Nein, ihre Wahl fällt auf weibliche Gottheiten, allen voran Athene. Man könnte sagen, dass die Göttinnen des alteuropäischen Kulturkreises auf die Helden aus der Steppe gewartet haben, um sie in Empfang zu nehmen und mit ihnen zu kollaborieren.

Wie intensiv sich die Interaktion zwischen den Helden und Athene entfaltet, wird in den griechischen Epen der archaischen Ära verdeutlicht. In der *Ilias* und in der *Odyssee* wird die Kooperation von Achilles und Odysseus, den Heroen des Trojanischen Kriegs, mit der Göttin Athene in zahllosen Episoden dramatisiert. Allein in der *Odyssee* wird sie mehr als hundert Mal erwähnt.

Von all den Göttinnen, die mit Helden zu tun haben, ist zweifellos Athene die strahlendste. Im griechischen Mythos wird Athene zur Erfinderin des Streitwagens (Athene Hippia), und sie bildet die besten Wagenlenker aus (Nonnos, *Dionysiaca* 37). Der Erste, der den Streitwagen den Athenern vorstellte, war Erechtheus, Nachkomme der Erdgöttin Gaia und Adoptivsohn Athenes. Die technische Innovation des Jochs, mit dem die Zugpferde an der Deichsel gehalten werden, wurde Erechtheus zugesprochen (Connelly 2014: 132).

Die Göttin Athene übernimmt vielerlei Rollen. In der *Ilias* tritt sie als wehrhafte Göttin auf, die Helden beschützt oder mit ihnen Seite an Seite kämpft. Athene nimmt den trojanischen Helden Diomedes in Schutz, indem sie dessen Streitwagen steuert und sich dem zornigen Kriegsgott Ares erfolgreich entgegenstellt (*Ilias*, Buch 5, 825–839):

Ihm erwiderte drauf die strahlende Göttin Athene:
Tydeus' Sohn, Diomedes, du meines Herzens Geliebter,
Fürchte du weder den Ares hinfort, noch einen der andern
Ewigen sonst; so mächtig als Helferin nah' ich dir selber!
Auf nun, lenke zuerst auf Ares die stampfenden Rosse!
Triff ihn ganz aus der Näh' und scheue nicht Ares, den wilden
Rasenden Störenfried, der wechselt von einem zum andern!
…
Also sprach sie und trieb den Sthenelos nieder vom Wagen,
Fort mit der Hand ihn drängend, und gleich sprang dieser zu Boden.
Selber trat in den Sessel zum edlen Sohne des Tydeus

Kampfesbegierig die Göttin; es knarrte die eichene Achse
Unter der Last des tapfersten Manns und der schrecklichen Göttin.

Dass die Kampfbereitschaft der wehrhaften Göttin nicht durch Angriffseifer motiviert ist, sondern durch die Aktivierung ihrer Schutzfunktion für den Helden, wird auch in der folgenden Szene (*Ilias*, Buch 4, 127–131) sichtbar:

Doch es vergaßen dich nicht, Menelaos, die seligen Götter,
Allen voran die beutespendende Tochter Kronions,
Welche sich vor dich stellte, dem schneidenden Pfeile zu wehren.
Und sie hielt ihn vom Leibe dir ab, gleichwie eine Mutter
Fliegen vom Kinde verscheucht, das ruht im friedlichen Schlummer.

Die Assoziation der Athene mit dem Streitwagen in der epischen Dichtung bezieht sich auf dessen Funktion als Kampfmaschine. Die Göttin spielt aber auch eine besondere Rolle in Verbindung mit dem Streitwagen als Paradevehikel. Eine besondere Begebenheit, bei der ein Streitwagen im Mittelpunkt steht, ist aus der frühen Geschichte der Stadt Athen überliefert. Vor der Einführung der Demokratie unter dem Reformer Kleisthenes im Jahre 507 v. u. Z. wurde Athen von Tyrannen, von Alleinherrschern mit absoluter politischer Gewalt, regiert. Die Hauptfigur jener Zeit war Peisistratos, der die Athener Öffentlichkeit mit Festspielen und öffentlichen Zeremonien zu beeindrucken suchte. Unter seiner Herrschaft avancierten die Panathenaia, das große Fest zu Ehren der Göttin Athene, zum wichtigsten Ereignis im Ritualkalender der Stadt (Phillips 2012: 205 ff.).

Schon bei seinem allerersten öffentlichen Auftreten in Athen hatte Peisistratos seinen Status als legitimer Alleinherrscher demonstriert: Er zog alle Register populistischer Theatralik und hielt einen spektakulären Einzug in die Stadt – auf einem Streitwagen. In seiner Begleitung war eine stadtbekannte Schönheit, eine Hetäre mit Namen Phye. Diese war verkleidet als Göttin Athene, mit Helm, Schild und in voller Rüstung. So machte Peisistratos die verblüfften Bürger der Stadt glauben, die Schutzpatronin Athens, die Göttin Athene, habe ihn persönlich in die Stadt geleitet. Über diese Begebenheit hat der griechische Historiograph Herodot in seinen *Historien* (1.60.2–5) berichtet.

In der älteren Forschung wird die Herrschaftsperiode von Peisistratos negativ bewertet, im Kontrast zum Durchbruch der Demokratie als idealer Herrschaftsform, die 507 v. u. Z. eingeführt wurde. Inzwischen ist bekannt, dass Peisistratos eher ein weitsichtiger Planer war, der die architektonische Infrastruktur der Stadt Athen und den Kalender der Festlichkeiten ausbaute, also kulturelle Einrichtungen mit bleibendem Wert schuf. Das Gebaren von Hippias, Peisistratos' Sohn, war verantwortlich für das Image des herrschsüchtigen Tyrannen, das als Stigma die Familiengeschichte belastete und die Bewertung der Nachwelt dominierte.

Helios mit den Feuerrossen

Die Sterne werden in der Mythologie ganz allgemein als Gottheit personifiziert, und das große Gestirn, die Sonne, spielt dabei eine zentrale Rolle. Mit der Personifizierung assoziiert ist das Geschlecht als entweder männlich oder weiblich, beide Formen sind in den Kulturen der Welt realisiert. Eine männliche Konnotation ist charakteristisch für die mythische Tradition im Alten Ägypten, in Griechenland und bei den Römern. In der von Göttern bevölkerten Welt des Alten Ägypten wird der mächtige Gott Ra als Lebensspender mit der Sonne identifiziert. Der Pharao ist der Sohn von Ra und vertritt diesen auf Erden. Die wichtigste Insignie ist Ankh, das Lebenssymbol. Auch in der griechischen Mythologie wird die Sonne mit einer männlichen Gottheit konnotiert, mit Helios. Anders orientiert sind dagegen die mythologischen Traditionen in eurasischen Kulturen, d. h. bei Finnen, Saamen und paläosibirischen Gemeinschaften. Hier ist die Sonne weiblich und wird als mütterliche Wärmespenderin verehrt.

Im griechischen Universum gilt Helios als Sohn von Euryphaessa, der «Prächtig-Scheinenden». Als Gott, der mit seinem Sonnenwagen

Helios, der griechische Sonnengott, auf seinem Wagen. Rotfigurige Vase, 5. Jahrhundert v. u. Z.

über den Himmel fährt, wird Helios erstmals in der *Ilias* (8.68) erwähnt. Da der Gott von oben einen guten Überblick über das Treiben der Menschen auf der Erde hat, gilt er als jemand, der alles sieht. Insofern eignete sich Helios gut als Bezugsfigur, wenn es darum ging, dem Ablegen eines Eides Glaubhaftigkeit zu verleihen. In der Rolle desjenigen, dem nichts entgeht, wird Helios auch zum Informanten über Vergehen. In der *Odyssee* (8, 302) wird berichtet, dass er Hephaistos, dem Gott des Feuers und der Schmiede, den Seitensprung von dessen Gemahlin Aphrodite mit dem Kriegsgott Ares verrät.

Das typische Gefährt, mit dem Helios sich von Sonnenaufgang bis Sonnenuntergang am Himmel bewegt, ist der Streitwagen, der in den meisten Darstellungen von vier feurigen Rossen gezogen wird, also eine Quadriga. Die Griechen der Antike machten sich auch Gedanken darüber, was Helios denn während der Nacht machte, wenn die Sonne nicht sichtbar ist. In jener Zeitspanne musste er ja von Westen nach Osten gelangen, um am nächsten Morgen wieder aus der vertrauten Himmelsrichtung mit seinem Wagen aufzusteigen. So wurde darüber spekuliert, ob er in einem Kessel oder in einer Schale die nächtliche Fahrt über den Ozean unter der Scheibe des Erdenrunds unternahm.

Helios war der Garant für Beständigkeit, denn er fuhr mit dem Sonnenwagen jeden Tag auf der Route, die den Erdbewohnern Wärme und Licht bot. Er erlaubte auch seinem Sohn Phaeton, manchmal den Sonnenwagen zu lenken. In der Anfangszeit fuhren die beiden zusammen aus, und der Vater gab seinem Sohn während der Fahrt Instruktionen. Doch Phaiton war nicht so geschickt wie sein Vater, und einmal geschah es, dass er vom Kurs abwich und der Sonnenwagen zu dicht an die Erde geriet. Die Folge war, dass in jener Gegend die Erde verbrannt wurde und die Menschen Schaden erlitten. Der erboste Göttervater Zeus, der dieses Unglück verfolgt hatte, erschlug Phaiton zur Strafe mit seinem Blitzhammer. Die Geschichte vom traurigen Ende des glücklosen Wagenlenkers wird in einem von Platons Dialogen berichtet, im *Timaios* 22c (Gantz 1993: 32f.).

Dionysos und der Wagen im Sternbild

Menschen haben seit jeher den Lauf von Himmelskörpern beobachtet, insbesondere von Sonne und Mond, und die Konturen von Sternformationen haben die Menschen zu mythopoetischen Ausdeutungen und vielfältigen Bildmetaphern angeregt. Sternbildmodelle sind schon in traditionellen Kulturen konzipiert worden, lange vor dem Aufstieg der frühen Zivilisationen. Diese allerdings stützen ihre Sternmodelle auf astronomische Beobachtungen, wie in Babylonien, Ägypten, China und im präkolumbischen Amerika (bei Maya, Azteken und in anderen hochzivilisierten Amerind-Kulturen).

Ohne die Hilfe von Teleskopen sehen wir die Vielzahl der Sterne am Firmament flächig, als wären sie auf einem zweidimensionalen Panel angeordnet. Wir können nicht in die Tiefe des Raums blicken, die unterschiedlichen, nach Lichtjahren messbaren Abstände der Sterne zueinander und zur Erde erkennen wir nicht. Die Assoziierung bestimmter Sternkonfigurationen mit einem Stern«bild» basiert auf der menschlichen, zweidimensionale Illusion ihrer Positionierung; denn die einzelnen Sterne gehören in der Regel nicht zum selben Areal im All (Görnitz 2004, Haarmann 2018: 21 f.). So entspringen die Namen für einzelne Sternbildkonfigurationen der menschlichen Fantasie, gesteuert von den kulturellen Vorgaben der jeweiligen Zivilisation. «Die kosmischen Mythen unserer Vorfahren waren in ihrer Himmelsbeobachtung verankert, aber von Glaubensvorstellungen kulturell modelliert.» (Krupp 2000: 3 f.)

Das Sternbild des «Großen Wagens» ist die wohl bekannteste, da am Nachthimmel gut erkennbare Sternkonfiguration. Die Assoziation mit dem Wagen ist typisch europäisch. Das gleiche Sternbild wurde bei den nordamerikanischen Indianern (Altamerikanern) als die «Große Bratpfanne» (Big Dipper) gesehen. Diese auffallende Konfiguration der Sterne war auch im Alten Ägypten bekannt, allerdings ohne Assoziation mit dem Wagen. Dort hieß das Sternbild Chepesch oder auch Mesechtiu («Schenkel des Gottes Seth»). In der Hindu-Mythologie wird dieses Sternbild als Sap-tarshi Mandal («Rat der sieben großen Weisen») angesprochen.

Das Bild des Wagens stammt aus der griechischen Antike. Es ist verbunden mit Dionysos, dem Gott des Weins, der Freude, ja der Ekstase, und der mythischen Erzählung, wie die Kunde der Weinherstellung zu den Menschen gelangte.

Dionysos war an einem Tag lange unterwegs gewesen und hatte sich bemüht, ein Quartier für die Nacht zu finden. Er wurde aber mehrfach abgewiesen. Schließlich kam er zur Hütte eines Hirten, der ihn gastfreundlich bewirtete und ihm ein Nachtlager bereitete. Am folgenden Tag vertraute Dionysos in seiner Dankbarkeit dem Hirten das Geheimnis der Weinzubereitung an. Dieser machte sich gleich daran, das göttliche Geschenk auszuprobieren. Es gelang ihm als erstem Menschen, Wein herzustellen. Nun zog der ehemalige Hirte, der frisch gebackene Weinbauer, los und bot seinen Freunden von dem Zaubertrank an. Die anderen Hirten wurden schnell betrunken und hatten Angst, sie würden vergiftet. In ihrer Panik erschlugen sie den Weinbauern, was sie aber zutiefst bedauerten, nachdem sie wieder nüchtern waren.

Dionysos, der das Treiben der Menschen verfolgt hatte, war betroffen, denn solche Unbilden hätte er sich nicht vorstellen können, als er das Rezept der Weinherstellung weitergab. Und so ließ sich der Gott eine wahrhaft ikonische Ehrung des gastfreundlichen Hirten einfallen: Er versetzte den Wagen des Hirten an den Himmel, wo die Sterne dessen Andenken bewahren (Sturm 2013).

Der Große Wagen ist genau genommen kein selbständiges Sternbild, sondern lediglich ein Ausschnitt einer viel größeren Sternkonfiguration: des Großen Bären (Ursus maior).

Streitwagenmetaphorik in der Philosophie

Es konnte nicht ausbleiben, dass das in der griechischen Antike so breit verankerte Symbol des Streitwagens auch Eingang in die Philosophie fand. Parmenides etwa, ein Vertreter der vorsokratischen Philosophie im 5. Jahrhundert v. u. Z., erzählt in seiner Abhandlung *Über die Natur* von einem Traum, in dem er sich mit einer Göttin trifft und sie ihm Anweisungen für ein rechtschaffenes Leben gibt. Es heißt da, er sei mit einem Streitwagen zum Himmel aufgestiegen, um zur Wohnstätte der Göttin zu gelangen. Bei Parmenides hat der Streitwagen eine rein funktionelle Bedeutung als Prunkkarosse, geeignet für den feierlichen Anlass der Begegnung mit der Gottheit (Slaveva-Griffin 2003).

Anders ist die Rolle des Streitwagens und des Streitwagenlenkers im Werk eines der größten Philosophen der Geschichte: Platon (427–347 v. u. Z.). Dessen eminente Wirkkraft und enorme Spannbreite hat der britische Philosoph und Mathematiker Alfred Whitehead auf die süffige Sentenz gebracht, die Geschichte der Philosophie sei «eine Serie von Fußnoten zu Platon» (Whitehead 1929: 39).

Platons philosophische Erörterungen waren als Orientierung für eine sinnvolle Lebensgestaltung seiner Mitmenschen konzipiert. Idealerweise sollte laut Platon das tugendhafte Handeln des Individuums im Dienst des Gemeinwohls stehen, basierend auf den vier Tugenden Klugheit, Weisheit (*phronesis*); Mut (*andreia*); Maß, Mäßigung (*sophrosyne*); Rechtschaffenheit, Gesetzestreue (*dikaiosyne*) (Howatson/Sheffield 2008: 68). Ein solches tugendhaftes Handeln zur Mehrung des Gemeinwohls diente gleichzeitig dem persönlichen Seelenheil. Es war insofern motiviert als eine Art Vorbereitung auf den eigenen Tod und das Leben danach. In seinem Dialog *Phaidon* hebt Platon diese Rolle ausdrücklich hervor. Er entwirft darin in archaisch bildhaften Szenen den Mythos des Streitwagenlenkers (246a–254e), der dem Menschen auf der Suche nach dem Sinn des Lebens gleiche.

In den Epen begleiten Schutzgottheiten (in erster Linie Athene) die Helden auf ihren Streitwagen in den Kampf. Tugendhaftes Streben nach dem Gemeinwohl bringt den Menschen in die Nähe des Göttlichen, und als Belohnung für rechtschaffenes Handeln wartet auf den Wagenlenker die Gunst der Göttin, unter deren Schutz er aufsteigen kann. Der Streitwagen hat für den platonischen Diskurs den Wert «eines Gefährts zum Zweck des philosophischen Denkens» (Fierro 2016).

Die Darstellung in Platons Dialog ist sehr lebendig und realitätsnah, und im Sprachgebrauch spiegeln sich die verschiedensten Tätigkeiten und technischen Funktionen des Wagenfahrens: fahren (246b4, e4); fliegen (246c1); sich bewegen (247b1); ankommen (247b6–7); die Pferde füttern (247e4–6); Peitsche und Stachel (254a3–4); Zaumzeug (Zügel und Bissklammern; 254c1, d7, e3). Dabei wird der Streitwagen sowohl als Gefährt in der diesseitigen Welt (konkretes Fahren) als auch als Transportmittel für die transzendentale Auffahrt zum Göttlichen hin (abstraktes Fliegen) verstanden.

Der Wagen wird von zwei Pferden gezogen. Das eine, auf der linken Seite angeschirrt, ist schwarz und wird als hässlich beschrieben. Es symbolisiert die egoistischen Triebe und Begierden des Menschen, allesamt Bestrebungen, die dem Dienst am Gemeinwohl entgegenstehen. Auf der rechten Seite ist ein weißes Pferd angeschirrt. Es steht symbolisch für «vornehme» Eigenschaften wie gemeinschaftliches Bewusstsein, solidarisches Handeln, Streben nach Harmonie.

Die Maxime des Wagenlenkers ist es, die rechte Orientierung zu finden, um die höchste Tugend (griech. *arete*) zu erlangen. Um dieses Ziel zu erreichen, bedarf es besonderer Anstrengungen. Da die Pferde aufgrund ihrer gegeneinander gerichteten Orientierung in verschiedene Richtungen streben, steht es in der Verantwortung des Zügelhalters, mit Geschick und Entschlossenheit die Pferde unter Kontrolle zu bringen und den Wagen in die richtige Richtung zu lenken – auch in die richtige Richtung auf dem Weg ins Jenseits

So bildet Platons Mythos vom Streitwagen eine Art Scharnier zwischen dem realen Handeln des Individuums und dessen Seelenheil. Um der Verdammnis zu entgehen, ist das Individuum gehalten, seiner unsterblichen Seele die besten Aussichten für ein Weiterleben nach dem physischen Tod zu verschaffen. Das höchste Ziel für die Seele eines tugendhaften Menschen ist der Eingang nach Elysium, ins Reich der Gesegneten und Gepriesenen, wo sie in Gesellschaft der Helden von der Essenz des Göttlichen berührt sind (Haarmann 2019: 136ff.).

Die Quadriga als politische Ikone

Der prächtigste Typ aller Streitwagen, der von vier Pferden gezogene, wurde in der Neuzeit zum beliebten Motiv für die Dekoration öffentlicher Monumente. Meist sind es Triumphtore und -bögen, auf denen eine solche Quadriga prangt, ob in Paris, London, Berlin, München, Dresden oder in anderen Metropolen. Und jedes dieser Monumente hat seine eigene, spannende Geschichte – und ganz unterschiedliche Zugtiere.

In Paris ist es der Arc de Triomphe du Carrousel (nicht zu verwechseln mit dem größeren Arc de Triomphe de l'Étoile!). Er war ursprünglich als Eingangstor zum Garten des Palastes an den Tuilerien konzipiert. Während des Aufstands der Pariser Kommune im Jahr 1871 wurde der Palast zerstört, und seither steht das Tor als Monument isoliert im Gelände. Den Triumphbogen hatte Napoleon zwischen 1806 und 1808 erbauen lassen. Ursprünglich war er gekrönt von der Quadriga mit Pferdegruppe, die einmal die Kathedrale von San Marco in Venedig zierte, die aber von Napoleon als Kriegsbeute nach Paris verbracht worden war. Nach der verlorenen Schlacht bei Waterloo und der Verbannung Napoleons 1815 wurde die Quadriga an Venedig zurückgegeben. Statt ihrer stellte man 1828 eine Nachbildung dieser Quadriga und ihrer Wagenlenkerin auf, die man auf beiden Seiten mit vergoldeten Siegesgöttinnen ergänzte.

Die Triumphbögen in Paris haben auch die Regenten in London zu eigenen monumentalen Torbauten inspiriert. Zwischen 1825 und 1827 wurde der Wellington Arch als außen liegendes Eingangstor zum Buckingham Palace erbaut. Nach der ursprünglichen Planung sollte auf dem Monument ebenfalls eine Quadriga platziert werden, dann entschied man sich aber für eine gigantische Statue des Duke of Wellington. 1880 wurde der Wellington Arch in den Hyde Park versetzt – ohne das Reiterstandbild. Seine Stelle nimmt seit 1912 eine Quadriga ein, deren vier Pferde allerdings im Unterschied zur Pariser Gruppe dicht zusammen stehen. Auch ist die Siegesgöttin Victoria hier nicht als Wagenlenkerin dargestellt. Vielmehr steht sie neben dem Gefährt und hält den Siegeskranz hoch.

Auch die Quadriga auf dem Brandenburger Tor in Berlin ist mit Victoria assoziiert. Vielleicht hat dieses Kunstwerk die stürmischste Geschichte einer Quadriga als politische Ikone erlebt. Die dortige Skulptur ist aus Kupfer und stellt ebenfalls die geflügelte römische Siegesgöttin als Wagenlenkerin dar (Arenhövel/Bothe 1991).

Das Brandenburger Tor wurde von dem preußischen König Friedrich Wilhelm II. (reg. 1786–1797) als sichtbares Zeichen seiner friedfertigen Bündnispolitik in Auftrag gegeben. Die Skulptur der Quadriga schuf im Jahr 1793 der Bildhauer Johann Gottfried Schadow. Der Kranz aus Olivenzweigen, den die Göttin auf ihrem Haupt trägt, weist wohl auf die Bereitschaft zur Friedfertigkeit hin, denn ursprünglich wurde die Göttin mit der griechischen Friedensgöttin Eirene identifi-

Die Quadriga auf dem Brandenburger Tor. Oben die römische Siegesgöttin Victoria als Wagenlenkerin; im Relief die Göttin Eirene auf dem Streitwagen

ziert. Die Gestalt der Eirene sieht man in einem Reliefbild am Sockel der Quadriga (Cullen/Kieling 1999).

Eirene hätte sicherlich in idealer Weise der Sinngebung des Monuments entsprochen, das als «Friedenstor» bekannt wurde. Doch letztlich entschied man sich dafür, die Gestalt auf der Quadriga mit der römischen Siegesgöttin Victoria zu identifizieren, und deshalb gab man der Göttin eine Stange mit einem Eichenkranz und einem aufgesetzten Adler in die Hand. Diese Stange sollte an die römischen Aquila-Standarten erinnern.

Auch um die Quadriga von Berlin ranken sich Ereignisse der Weltgeschichte. Sie war ebenfalls eine Kriegsbeute Napoleons, der sie 1806 nach seinem Sieg über Preußen nach Paris schaffen ließ. Von dort wurde sie von Feldmarschall Gebhard von Blücher nach dem Sieg bei Waterloo 1814 zurück nach Berlin geholt. Dem Eichenkranz an der Stange fügte man ein Eisernes Kreuz hinzu.

Im Zweiten Weltkrieg wurde die Quadriga schwer beschädigt. Bis in die 1950er-Jahre war das Brandenburger Tor sozusagen Niemandsland an der Grenze zwischen dem Ostsektor und dem Westsektor, allerdings auf der russisch besetzten Seite. 1956 begannen die gemeinsamen Restaurationsarbeiten am beschädigten Brandenburger Tor: Der Osten renovierte das Tor; eine Westberliner Gießerei fertigte einen Neuguss der Quadriga, und zwar nach einem Gipsabdruck, den man tatsächlich mitten im Krieg 1942 genommen hatte. Weggelassen wurden allerdings das Eiserne Kreuz und der Preußenadler, da sie nach ostdeutscher Auslegung «Embleme des preußisch-deutschen Militarismus» waren.

Vom Bau bis zum Fall der Berliner Mauer stand das Brandenburger Tor im Gelände des Sperrgebiets, und weder Ost- noch Westberliner konnten hindurchgehen. Nach neuerlichen Restaurationsarbeiten wurde das Monument am 3. Oktober 2002, zwölf Jahre nach der Vereinigung der beiden deutschen Staaten, erneut enthüllt – die Wagenlenkerin hatte Adler und Kreuz zurückerhalten! Als nationale politische Ikone hat das Brandenburger Tor mit der Quadriga auch als Bildmotiv ihren Platz im Kreis der Euro-Symbolik gefunden, und zwar auf der Rückseite der 10-, 20- und 50-Cent-Münzen.

Inspiriert vom klassizistischen Thema eines Siegesmonuments nach dem Vorbild des Konstantinbogens in Rom ließ König Ludwig I. in den 1840er-Jahren einen Triumphbogen als Abschluss der Prachtstraße (Ludwigstraße) in München bauen. Die Krönung des Monuments ist auch hier eine massive Quadriga mit einem Gewicht von 22 Tonnen. Der Streitwagen wird von vier Löwen gezogen, die von der imposanten Figur der 6 Meter hohen Bavaria gelenkt werden. Dieses Monument erinnerte ursprünglich an den Sieg über Napoleon und war der bayerischen Armee gewidmet.

Das Siegestor und die Quadriga in München teilten ein ähnliches Schicksal wie ihre Pendants in Berlin. Sie wurden durch Bombardements im Zweiten Weltkrieg schwer beschädigt. Anfang der 1950er-Jahre gab es Pläne, das Monument abzureißen wegen seiner angeblich «faschistischen Assoziationen». Ein solches Vorhaben wurde jedoch vom Landesamt für Denkmalpflege verhindert, und das Tor wie auch die Quadriga wurden in mühevoller Arbeit restauriert. Ähnlich wie in Berlin ist auch das Siegestor in München heute ein Friedensmonument, «Dem Sieg geweiht, vom Krieg zerstört, zum Frieden mahnend». Und die Quadriga verbreitet diese moderne Friedensidee auf ihrer symbolischen Fahrt in die Welt (Weidner 1996).

Eine ganz unpolitische, rein kulturelle Symbolik bietet die von Johannes Schilling geschaffene «Panther-Quadriga» aus Bronze, die ihren Platz im Jahr 1877 auf der Semperoper in Dresden gefunden hat. Diese Version eines Vierspänners wird von vier Raubkatzen gezogen. Als Wagenlenker fungieren der griechische Gott Dionysos und Ariadne, die Tochter des mythischen kretischen Königs Minos. Die Geschichte, wie der Held Theseus nur mithilfe von Ariadnes roten Wollfäden aus dem Labyrinth herausfindet und flieht, ist bekannt. Dass er die Königstochter dann aber auf der Insel Naxos schnöde zurücklässt, weniger. Als Dionysos auf seiner Flucht vor den Sirenen an der Insel vorbeikommt, beeindruckt ihn die schöne Frau, und er fährt mit ihr auf seiner von Panthern gezogenen Quadriga in den Himmel.

Die Symbolik der Quadriga auf der Semperoper steht im Einklang mit deren Funktion: Der Vierspänner soll die Freude an der Musik in die Welt tragen (Magirius 2000).

6.

Räder, Riten, Religionen

Parallel zur Vielfalt der praktischen Radfunktionen hat sich eine breite Palette von symbolischen Funktionen entwickelt, wie wir sie für die griechische Welt ausführlich dargestellt haben. Dies ist in allen Kulturen zu beobachten, in denen das Rad seit seiner Erfindung einen festen Platz hatte. Hier zeigen sich erstaunliche Parallelitäten zwischen miteinander verwandten Kulturen indoeuropäischer Prägung, selbst wenn diese seit Jahrtausenden geographisch weit voneinander getrennt sind. Dies trifft beispielsweise auf die Allegorie des Wagens zu, der vom Sonnengott gelenkt wird. So wie Helios bei den Griechen als Sonnengott mit seinem Wagen gilt, nimmt Surya in der hinduistischen Tradition diese Rolle ein. Die Streitwagenmetaphorik in der philosophischen Diskussion der griechischen Antike findet ihre Parallelen in der vedischen Literatur Indiens, im *Rig-Veda*.

Radsymbolik in Hinduismus und Buddhismus

In den Kulturen des indischen Subkontinents haben sich einige besondere Facetten von Radsymbolik entwickelt, und dies schon in der Zeit, bevor Indoarier nach Indien eingewandert sind, d.h. vor 1700 v.u.Z. Die ältesten Hinweise datieren in die Ära der alten Induszivilisation. Das Radsymbol ist auf Siegeln zu sehen, zusammen mit anderen Zeichen der Indusschrift. Mehrfach tritt das Radzeichen (mit sechs Speichen) in einer Zeichensequenz am Nordtor von Dholavira auf. Diese längere Inschrift ist als sogenannte «Zeichentafel von Dho-

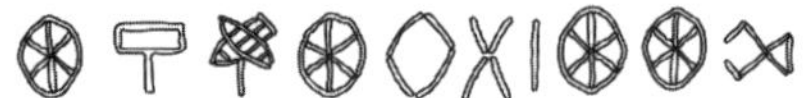

Das Radsymbol in der Zeichensequenz der Inschrift von Dholavira, Induszivilisation

lavira» (Dholavira Signboard) bekannt (McIntosh 2008: 377, Joshi/Parpola 1987, Shah/Parpola 1991).

Dem Rad (*ratha*) wird höchste symbolische Bedeutung zugemessen, gleichsam als Essenz des Göttlichen. Der hinduistische Sonnengott Surya wird in der vedischen Literatur mit dem Sonnensymbol in Form eines Rads assoziiert, außerdem mit der Swastika. Dieses Radsymbol ist als *chakra* (auch *cakra*, aber nicht zu verwechseln mit *carkha* «Spinnrad», s. u.) bekannt, ein Ausdruck aus dem Pali.

In der hinduistischen (brahmanischen) Tradition wird das Sonnenrad mit dem Rad der Zeit gleichgesetzt: «Zeit ist die Sonne, und Zeit, die Sonne und das Rad werden als identisch betrachtet.» (Snodgrass 1985: 81) In der vedischen Literatur wird die Sonne symbolisiert durch das Rad eines Streitwagens, in Variationen mit 5, 12 oder gar 360 Speichen. Die Bedeutung des Radsymbols wechselt entsprechend der Anzahl der Speichen:

– Das Rad mit 4 Speichen repräsentiert ein Modell der Welt in ihrer Strukturierung durch die Sonne; außerdem symbolisiert es die vier Himmelsrichtungen und Jahreszeiten, die vier Zeitabschnitte des Tages, die vier Lebensabschnitte des Menschen, die vier Mondphasen, die vier Stadien (*asrama*) im Leben eines Hindu;
– das Rad mit 6 Speichen repräsentiert die Sonne, die 6 Tage der Woche (während der siebte Tag das Sonnenrad selbst ist);
– das Rad mit 8 Speichen ist das Symbol der 8 Richtungen im Raum und symbolisiert das Rad der Erneuerung und Regeneration;
– das Rad mit 12 Speichen symbolisiert die 12 Monate und die Sternzeichen;
– das Rad mit 30 Speichen symbolisiert den Mondzyklus;
– das Rad mit 360 Speichen symbolisiert die Zeitspanne eines Jahres, aufgeteilt nach Tagen im Sonnenkalender.

Wie der griechische Helios lenkt Surya einen aus den Strahlen der Sonne bestehenden Sonnenwagen. Im Kreis der hinduistischen Gottheiten wird aber auch dem Hochgott Vishnu das Sonnenrad als wichtigstes Attribut zugeordnet. Er gebraucht dieses Rad mit 108 Zacken als Waffe (*sudarsanacakra*) im Kampf gegen Widersacher.

Das Radsymbol wird in Verbindung mit dem Konzept von *dharma* («kosmische Ordnung, Gesetz der Weltordnung») – in der Sanskritform *dharmachakra* – sowohl im Hinduismus als auch im Buddhismus als heiliges Zeichen verwendet. In der Symbolik zeigt sich eine Überlagerung von Funktionen des Rads und des Kreises, mit all ihren zyklischen Assoziationen. Meist wird das Dharma-Rad in einem goldenen Farbton dargestellt. Es gehört zum Kreis der *ashtamangala* («Vorzeichen»), der acht Glückssymbole, die man in vielen indischen Religionen findet, zum Beispiel im Jainismus. In den hinduistischen Veden werden drei Prinzipien hervorgehoben, für die das Dharma-Rad symbolisch steht: Pflicht(bewusstsein), Arbeit und Rechtschaffenheit.

Im Buddhismus ist das achtspeichige *dharmachakra* das Symbol für die Lehre Buddhas. Die acht Speichen symbolisieren den edlen achtfachen Pfad zur Erlösung im Nirwana, wobei jede Speiche mit einer besonderen Eigenschaft assoziiert wird (Notz 2007: 133):

1. Speiche: die richtige Anschauung
2. Speiche: die richtige Absicht
3. Speiche: der angemessene Sprachgebrauch
4. Speiche: die richtige Handlung
5. Speiche: der rechte Lebenswandel
6. Speiche: die richtige Aspiration
7. Speiche: Achtsamkeit
8. Speiche: die rechte Meditation

Auch die Vier edlen Wahrheiten des Buddhismus werden in einem Radsymbol repräsentiert. Das Rad mit vier Speichen steht für den sonnenzentrierten Kosmos (4 Himmelsrichtungen, 4 Jahreszeiten, 4 Mondphasen usw.). Die vier Speichen beziehen sich auf die Grundtugenden:

1. Speiche (*samudaya*): Wahrheit über den Grund des Leidens
2. Speiche (*dukh*): Wahrheit des Leidens
3. Speiche (*nirodha*): Wahrheit über das Ende des Leidens
4. Speiche (*magga*): Wahrheit über den Weg, der einen jeden vom Leiden befreit

Das Rad mit sechs Speichen ist das buddhistische Lebensrad (*bhavacakra*), auch «Rad des Werdens» genannt. Es symbolisiert die sechs Durchgangsstadien (*loka*), die von Individuen in der Abfolge der Wiedergeburten zu durchlaufen sind.

Ein Sonnenrad mit 24 Speichen, in Assoziation mit den 24 Stunden des Tages, ist aus der Ikonographie zur Regierungszeit des buddhistischen Königs Ashoka (reg. ca. 268–232 v. u. Z.) überliefert, und zwar als Symbol mit imperialer Ausstrahlung, Ashoka Chakra, am Löwenkapitell. Es zierte die Ashokasäule in Sarnath. Die Skulptur enthält vier Löwen, die Rücken an Rücken stehen. Als zweidimensionale Darstellung wurde dieses Löwenkapitell von Ashoka (nun sind nur noch drei Löwen sichtbar) mitsamt Sonnenrad als Staatswappen Indiens gewählt. Ein blaues Ashoka-Rad bildet auch das Zentrum der indischen Nationalflagge. Bis 1947 war übrigens auf der Fahne der indischen Unabhängigkeitsbewegung noch ein Spinnrad (*carkha*), mit Spinnfaden und Halterung, zu sehen.

Eine besondere Variante des Löwenkapitells ist das Emblem des Obersten Gerichtshofes Indiens. Hier erscheint das Radsymbol zweimal, zum einen integriert in die Ikonographie des Löwenkapitells, zum anderen in überdimensionaler Größe über dem Kopf der Löwenfiguren, sozusagen als visuelle Positionierung des höchsten Ordnungsprinzips.

Ratha: Prozessionen und steinerne Tempelwagen

Die religiöse Symbolik im Hinduismus und Buddhismus ist nicht nur durch das Rad als Einzelmotiv charakterisiert. Auch die Kombination von Rad und Wagen spielt eine zentrale Rolle im vielfältigen Ritualwesen beider Religionen. Wagen, insbesondere Streitwagen als Repräsentationsvehikel, wurden schon in der Frühzeit aus Holz gebaut und in feierlichen Prozessionen und Zeremonien eingesetzt. Aus dieser primären Ausführung entwickelte sich eine sekundäre Form, der «versteinerte» Tempel. Solche Tempelwagen aus Stein (mit skulpierten Rädern) wurden von den Hindus angefertigt (Hardy 2007), und sie sind in zwei architektonischen Typen vertreten, die beide nach dem uralten indoiranischen Wort *ratha* «Wagen» als Ratha bezeichnet werden:

- Konstruktionen aus Stein in Form eines Wagens (oft als Monolithe), die innerhalb von Hindutempeln stehen, mit der Funktion von Schreinen;
- Selbstständige Gebäude aus Stein (Tempelwagen) mit Skulpturen von Rädern und Zugpferden an den Seitenwänden.

Tempelbauten in Form von Wagen haben eine große Vielfalt lokaler Architektur in den Städten Indiens und in Sri Lanka entwickelt. Die Konturen von Gebilden mit steinernen Rädern an der Basis wie in Tiruvarur (Tamil Nadu), Udupi (Karnataka) oder Chennai sind stark stilisiert und erinnern nur noch entfernt an Wagen.

Wegen seiner Monumentalität und in seiner Verschränkung der Wagenmetaphorik mit der Sonnensymbolik nimmt der Sonnentempel von Konark im indischen Bundesstaat Odisha an der Ostküste einen besonderen Rang ein (Donaldson 2005). Ein Bild dieses Tempels findet sich auf der Rückseite der 10-Rupien-Banknote. Dieser dem Sonnengott Surya geweihte Tempel wurde im 13. Jahrhundert erbaut, in der Form eines monumentalen Streitwagens. In den zahlreichen Skulpturen an den Seitenwänden des Tempels ist Surya auf einem Streitwagen zu sehen, der von dem mythischen Helden Arjuna gelenkt wird. Auf beiden Seiten neben ihnen stehen zwei weibliche Gestalten, die

Der Sonnentempel von Konark: Schrein für Garuda in Form eines aus dem Stein gehauenen, 9 Meter hohen Tempelwagens

Göttinnen der Morgenröte. Usha und Pratyusha verschießen Pfeile; diese Tätigkeit steht symbolisch für die Vertreibung der Dunkelheit.

Zur Ausstattung des Tempels gehören vierundzwanzig sorgfältig aus Stein gemeißelte Räder, jedes mit einem Durchmesser von 3,5 Metern und mit acht Speichen. Nicht nur die Umrisse eines jeden Rades sind sorgfältig skulpiert, auch der Radreif und die Oberfläche der Speichen sind mit kleinen Reliefbildern dekoriert. Die Räder stehen jeweils paarig und symbolisieren die zwölf Monate des Hindukalenders.

Ebenfalls aus Stein gehauen sind die sieben Zugpferde des Wagens (Dalal 2010: 399 ff.). Die Pferde werden in der rituellen Tradition personifiziert und heißen Gayatri, Brihati, Ushnih, Jagati, Trishtubha, Anushtubha und Pankti. Sie stehen symbolisch für die sieben Versmaße der Sanskrit-Literatur.

Die Symbolik des großen Tempels erschöpft sich nicht in den einzelnen Formationen und Skulpturen aus Stein. Was auf den Besucher einen bleibenden Eindruck hinterlässt, ist das grandiose Naturschauspiel während der Dämmerung und bei Sonnenaufgang. Dann wirkt der Tempelwagen so, als ob er mit der aufgehenden Sonne aus dem Meer aufsteigt (Mitra 1968: 24 f.).

Symbolische und mythologische Konzepte finden bis heute eine bevorzugte Ausdrucksform, wenn sie bei rituellen Anlässen aktiviert werden, und dafür bieten die Kulturen Indiens gute Beispiele. Das größte aller Hindu-Feste ist *rathajatra* (*ratha* «Rad» + *jatra* «Rundfahrt»). Dabei werden feierliche Prozessionen mit Tempelwagen veranstaltet, die an christliche Wagenprozessionen erinnern. Die Wagen, ebenfalls Ratha genannt, haben kunstvolle tempelförmige Aufbauten und sind verschiedenen Gottheiten gewidmet, wie dem Sonnengott Surya, der Muttergöttin Devi oder dem Hauptgott Vishnu.

Auf manchen Wagen kann man auch Krishna und Arjuna sehen, in Form von Standbildern oder personifiziert durch Priester. Diese beiden Figuren sind die Protagonisten in einem der bedeutendsten Texte des Hinduismus, im *Bhagavad Gita*. Der «Göttliche Gesang» umfasst 701 Verse, die als Kapitel 23–40 in das monumentale Epos *Mahabharata* (aufgezeichnet im 2. Jahrhundert v. u. Z.) integriert sind (Arnold 1885/1993). Durch alle Zeiten hindurch hat dieser Text die Gemüter der Hindu bewegt, und es sind zahlreiche Kommentare entstanden (Cornille 2006). Der Kriegerprinz Arjuna fährt mit Krishna, der den Wagen lenkt, auf seinem Streitwagen. Während der Fahrt entfaltet sich ihr berühmtes Lehrgespräch. Es geht um das moralische Dilemma, in das Prinz Arjuna verstrickt ist, da er sich auf dem Weg in eine Schlacht gegen seine eigenen Landsleute befindet. Krishna rät Arjuna, seine Aufgaben als Krieger (*kshatriya*) wahrzunehmen, um die Werteordnung durch selbstloses Handeln aufrechtzuerhalten.

Es gibt eine Parallele zwischen der griechischen und indischen Mythologie, bei der der Streitwagen im Mittelpunkt steht. Diese Parallele tritt uns in philosophischen und religiösen Texten entgegen, in denen der Seelenflug thematisiert und dafür auf die Allegorie des Wagens als Transportmittel der Seele zurückgegriffen wird. So setzt Platon den Streitwagen metaphorisch gleich mit dem menschlichen

Körper, der für den Seelenflug beherrscht und gelenkt werden muss (siehe Kapitel 5).

Mobile Zeremonialplattformen in der mongolischen Steppe

Die Radtechnologie gelangte zu den Mongolen in der Bronzezeit (ab 2400 v. u. Z.). Zwar sind keine Wagenreste aus jener frühen Zeit gefunden worden, wohl aber Felsbilder, auf denen zweirädrige Karren abgebildet sind, so in Baga Oigor in der westlichen Mongolei (Baumer 2012: 46).

Eine der exklusiven Innovationen in der Steppenkultur, die die Radtechnologie hervorgebracht hat, sind rollende Zeremonialplattformen, die bis in die Neuzeit bei den Mongolen in Gebrauch waren. Dies waren großflächige viereckige Plattformen, die nicht auf Stützen im Boden standen, sondern auf Rädern bewegt werden konnten. Die Räder waren an zwei gegenüberliegenden Seiten montiert. Da die Plattformen zwischen 5 und 7 Metern breit waren, gab es keine durchgehenden Achsen, die von einer Seite zur anderen durchgeführt waren, sondern die Räder waren jeweils gesondert mit einer eigenen Radaufhängung befestigt. Die Plattformen wurden von Zugpferden bewegt und von einem Lagerplatz der Viehnomaden zum nächsten gebracht. Für die Überführung der mobilen Plattformen von einem Ort zum anderen waren besonders trainierte Helfer zuständig, die unter der Aufsicht von Priestern standen.

An einem Platz, wo eine Zeremonie stattfinden sollte, wurde die Plattform für die Veranstaltung verankert, damit sie fest stand. Nach Abschluss der Zeremonie wurden die Anker gelöst, die Zugpferde angespannt, und die Plattform wurde zu einem anderen Ort gefahren. In der weiten Steppenlandschaft mit ihrem harten Boden war es leicht, Routen für den überbreiten Spezialtransport zu finden. Diese Organisation eines mobilen Zeremonialplatzes ersparte viel Arbeit. Eine feste Plattform hätte jeweils vor Ort aufgebaut und wieder abgebaut werden müssen. In einem gesonderten Arbeitsgang wäre es erforderlich gewesen, die Komponenten für den Transport zu verpacken, an einem anderen Ort abzuladen und die Plattform erneut aufzubauen (Ergrabene Welten 2019).

Radkreuz und Sonnenwagen bei den Germanen und Kelten

Rad und Wagen sind auch bei Germanen und Kelten reichhaltig in Mythologie und Symbolik vertreten. Die skandinavischen Felsbilder aus der Bronzezeit veranschaulichen die Assoziation des Rades mit der Sonne besonders anschaulich, Radsymbole gehören hier zu den charakteristischen Bildmotiven (Capelle 1985).

Vielleicht das beeindruckendste Beispiel für eine künstlerische Umsetzung der Radsymbolik ist ein Kultwagen, der in die ältere Phase der Nordischen Bronzezeit (um 1400 v. u. Z.) datiert wird und unter dem Namen «Sonnenwagen (dän. Solvognen) von Trundholm» bekannt ist. Dieser Wagen ist ein Zufallsfund aus dem Jahr 1902. Ein Bauer in der dänischen Gemeinde Trundholm in der Nähe von Nykøbing Sjælland stieß beim Pflügen seines Feldes auf Bruchstücke eines offensichtlich zusammengehörenden Artefakts. Das Ergebnis der Rekonstruktion der Bruchstücke ist ein Gefährt, das als «Kultwagen» gedeutet wird und offensichtlich an einer Kultstätte aufgestellt war. Bis in die 1990er-Jahre sind insgesamt einundzwanzig Einzelteile des Wagens zusammengesetzt worden. Die Räder waren besonders stark in Fragmente aufgebrochen.

Die Einzelteile, aus denen sich der Wagen zusammensetzt, sind aus Bronze. Der Wagen hat insgesamt drei Achsen mit sechs vierspeichigen Rädern, die paarig an den Enden der Achsen montiert sind. Auf den beiden vorderen Achsen steht ein Pferd. Seiner Konstruktion nach könnte er also niemals fahren, er war ein reines Symbol und hat nichts mit den in dieser Region tatsächlich benutzten Wagen zu tun, obwohl das Fahrzeug selbst dem zeitgenössischen Wagentyp entsprach.

Der Kultwagen von Trundholm: die vergoldete helle Seite, ca. 1400 v. u. Z.

Auf der hinteren Achse ist eine Scheibe befestigt, die mit Goldblech überzogen ist. Goldblech findet sich aber nur auf einer Seite, während die andere Seite der Scheibe nicht bezogen und dunkel ist. Hier spiegelt sich die feinsinnige Symbolik der Scheibe, deren eine Seite als die hell scheinende Sonne interpretiert worden ist, während die andere Seite die dunkle Nachtzeit symbolisiert (Kaul 2003).

Wenn die mit Goldblech überzogene Seite die Sonne darstellt, die tagsüber Helligkeit und Wärme spendet, dann symbolisiert das Pferd die Bewegung des Gestirns, dessen Bahn von den Menschen auf der nördlichen Halbkugel in anthropozentrischer Interpretation in einer Bewegung von links nach rechts zu «erfahren» ist. Ob die Spiralornamente auf der «Sonnenscheibe» vielleicht in einer Beziehung zum Kalenderwesen stehen, ist umstritten (Sommerfeld 2010).

Der Kultwagen von Trundholm ist im Jahr 2006 in den dänischen Kulturkanon aufgenommen worden. Er gehört zusammen mit der 1999 (wieder)entdeckten «Himmelsscheibe von Nebra» zu den bedeutendsten Funden nicht nur der nordischen, sondern der europäischen Bronzezeit allgemein.

Zu den Werken der keltischen Kunst aus vorchristlicher Zeit zählen Skulpturen und Reliefbilder eines Gottes, der ein Rad in der Hand hält. Diese Gestalt wird interpretiert als ein Himmelsgott, insbesondere als Sonnengott (Green 1989: 116f.). In seiner personifizierten Rolle entspricht diese keltische Figur dem griechischen Helios (siehe Kapitel 5). Die Idee der Fahrt des Gottes auf einem Wagen als Interpretation der Sonnenbewegung ist in der keltischen Überlieferung nicht eindeutig, könnte aber durch das Rad symbolisiert sein.

Miniaturmodelle von Sonnenrädern wurden als Opfergaben an heiligen Stätten deponiert, sie wurden als Talismane getragen, und man findet sie als Beigaben für die Verstorbenen in Gräbern (Green 1992: 202). Offensichtlich war die religiöse Radsymbolik so fest im kulturellen Bewusstsein der Kelten verankert, dass sie sich in transformierter Form in der christlichen Ära fortgesetzt hat (Mackey 1989). Das Radkreuz ist der typische Kreuztyp in den Regionalkulturen der Inselkelten, es wird auch «keltisches Kreuz» (celtic cross), «Sonnenkreuz» (sun-wheel cross) oder «Hochkreuz» (high cross) genannt. In den mit heiligen Plätzen assoziierten Monumenten der Radkreuze spiegelt sich die vorchristliche Symbolik des Rads als göttliches Attribut. Man könnte auch in diesem Zusammenhang – ähnlich wie im Buddhismus und Hinduismus – von einer Überlagerung des Rad- und des Kreissymbols sprechen (mit der Assoziation Zyklus, Sonnenzyklus, Jahreszyklus, 4 Jahreszeiten = 4 Speichen usw.).

Solche Kreuze wurden mit Vorliebe auf dem Gelände eines Kirchhofs oder eines Klosters aufgestellt, auch auf Friedhöfen in direkter Nähe zu einer Kirche, an Orten also, wo ein Radkreuz gewissermaßen in synchronisierter Form mit christlichen Institutionen im Einklang stand. Diese Tradition war in allen Regionen bei den Inselkelten ver-

Muiredach's Cross, ein Hochkreuz auf dem Friedhof von Monasterboice, Irland, aus der ersten Hälfte des 9. Jahrhunderts

breitet, d. h. in Wales, Cornwall, in Irland und Schottland (Harbison 1991). Einige der Radkreuze, die wegen ihrer Größe und künstlerischen Ausstattung besonders beeindruckend sind, hatten eigene Namen, wie das «Cross of the Scriptures» von Clonmacnoise.

Votivgaben auf Rädern und Kalenderzahnräder bei den Maya

Einen Sonderfall in der Geschichte des Rades stellt das präkolumbische Mittelamerika dar: Hier bildete sich zwar eine Radsymbolik aus, aber praktische Radfunktionen, sei es als Töpferrad oder als Wagenrad, blieben in dieser Zeit noch ungenutzt (Diehl/Mandeville 1987, Stocker u.a. 1986).

Erst mit den spanischen Konquistadoren kamen Wagen auf Rädern nach Mittelamerika, und erst während der europäischen Kolonisation im 16. Jahrhundert entfaltete sich dort ein Transportwesen im europäischen Stil. Selbst das Töpferrad wurde erst während der Kolonialzeit eingeführt.

Bei den Ausgrabungen der Maya-Städte sind vielerlei Gerätschaften und Objekte gefunden worden. Darunter waren auch aus Ton gefertigte, 10 bis 15 Zentimeter große Kleinskulpturen von Tieren auf Rädern. Die ersten von ihnen wurden im 19. Jahrhundert von Désiré Charnay ausgegraben. Zunächst konnte man damit nichts anfangen und zeigte sich skeptisch bezüglich der Authentizität solcher Fundstücke. Es sollte bis in die 1940er-Jahre dauern, bis anlässlich der Ausgrabungen von Tres Zapotes weitere Kleinplastiken auf Rädern ans Licht kamen (Ekholm 1946, Stirling 1962). Auch an anderen Orten (Veracruz, Michoacan, Guerrero, El Salvador) fanden die Archäologen beräderte Figurinen (Stocker u.a. 1986). Heutzutage sind rund hundert solcher Fundstücke bekannt.

Die Artefakte stammen aus verschiedenen Bodenschichten und sind daher unterschiedlichen Kulturperioden zuzuordnen. Einige datieren in die klassische Periode (200–900 u.Z.), andere in die nachklassische Periode (900–1250 u.Z.). Allein die chronologische Zuordnung schließt die Möglichkeit von Fremdimport aus Asien oder Europa aus.

Als immer mehr von diesen beweglichen Figuren bekannt wurden, entstanden auch allerlei Spekulationen über deren Funktion (Diehl/

Mandeville 1987). Spontan wurden solche Fundstücke als «Spielzeuge» deklariert, einfach wegen ihrer erstaunlichen Ähnlichkeit mit modernen Kinderspielzeugen. Doch es stellte sich heraus, dass solche Kleinplastiken in den Kontext von heiligen Plätzen (z.B. Schreinen) gehörten. Die Figuren, die auf Rädern stehen, sind allesamt Tiere, die eine zentrale Rolle in der Mythologie und Religion der Maya spielen. Besonders häufig kommt der Jaguar vor, außerdem sind die gefiederte Schlange und der Vogel Quetzal vertreten.

Wahrscheinlich waren diese Figuren Opfergaben, ähnlich den Votivgaben, die am Altar von katholischen Heiligen platziert werden. Selbst wenn es vielleicht eine Verbindung mit der Welt der Kinder gab, dann wohl eher als Anschauungsstücke, um ihnen die Einbettung der heiligen Tiergestalt im mythologischen Bezugsrahmen ihrer Heimatkultur zu zeigen.

Diese symbolträchtige Präsentation mythologischer Figuren auf Rädern steht also bei den Maya funktional isoliert, ohne Beziehung zu praktischen Radfunktionen. In der viel älteren Induszivilisation gab es ebenfalls beräderte Miniaturtierfiguren von auffallender visueller Ähnlichkeit (siehe Kapitel 3, S. 61). Dort bestand jedoch eine Verbindung mit der angewandten Radtechnologie, wobei die praktische Funktion von Rad und Wagen als primär einzustufen ist, die symbolische Funktion als Votivgabe dagegen als sekundärer Kontext.

Die Maya kannten sogar das Zahnradprinzip, es ist in ihrem hochentwickelten Kalenderwesen symbolisch realisiert. Auch von Zahnrädern gab es noch keinerlei praktische Nutzung, etwa in einem Seilzug oder Getriebe.

Die Experten der Zeitrechnung in dieser präkolumbischen Hochkultur, die Priester, verfügten über erstaunliche mathematische und astronomische Kenntnisse. Ihre Erfahrungen aus der Beobachtung von Himmelskörpern und deren Bewegungen standen im Dienst des Kalenderwesens, denn es bedurfte exakter Messungen, um den passenden Zeitpunkt für die zahlreichen rituellen Zeremonien zu bestimmen (Schele/Freidel 1991: 51ff.). Dies war eingebettet in die Kosmologie der Maya, in der das Konzept einer zyklischen Abfolge von Zeitaltern

Tierfigur der präkolumbianischen Remojadas Kultur, Veracruz, Mexico

eine zentrale Rolle spielte, und zur Bestimmung von Anfang und Ende und der Laufzeit eines Zeitalters wurden kalendarische Fixpunkte festgelegt.

Die Abfolge der Tage im Kalenderrhythmus stellten sich die Maya als zwei voneinander unabhängige Kalenderräder vor, wobei jedoch die 260 Tage des Ritualkalenders (*tzolkin*) und die 365 Tage des profanen Kalenders (*haab*) wie in einem Zahnradmechanismus ineinander greifen. Eine Kalenderrunde dauerte 18980 Tage oder 52 Jahre, erst dann wiederholte sich eine identische Kombination der Zahnradpositionen (Voss 2006:136).

Was angesichts dieser Zahlenakrobatik bleibt, ist die Verwunderung darüber, dass es in einer hochentwickelten Zivilisation differenzierte symbolische Radfunktionen gab, die aber keine Parallele in der Alltagswelt fanden. Vielleicht fehlt in der europäisch geprägten Denkweise eine Komponente, die im präkolumbischen Kulturmilieu zum

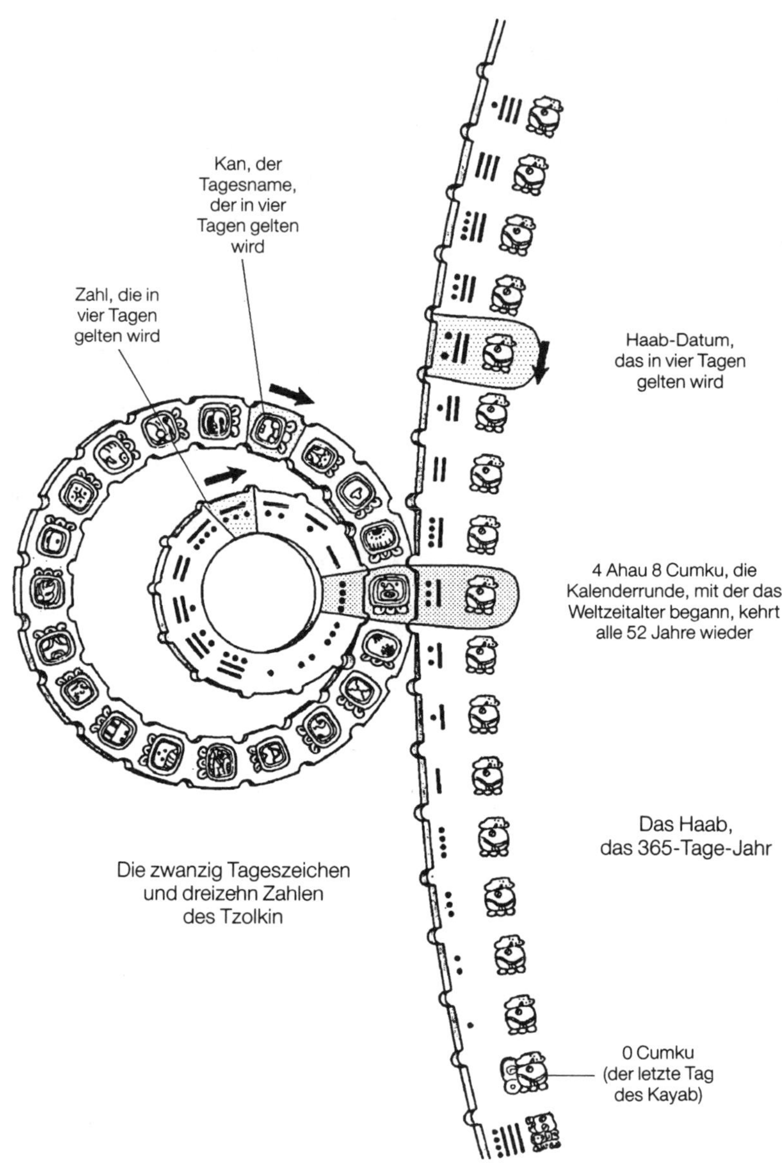

Die Verzahnung der Kalenderräder *tzolkin* und *haab*

Tragen kam. Denn auch der sogenannte profane Kalender war kein Medium objektiver Zeitmessung nach modernem Verständnis. Beide Kalendertypen waren eingebunden in die religiös-mythologische Sphäre: Die im Rahmen der Verzahnung beider Zeitmesser ersichtlichen Kalenderdaten bildeten das Rahmenwerk für die Berechnung der kosmischen Zeitalter, die alle 52 Jahre aufeinander folgten. Das Rad – auch das in den «Spielzeugfigurinen» – mitsamt seinen kosmologischen Bindungen war also hochgradig isoliert in der religiösen Sphäre, weshalb praktisch-profane Umsetzungen von Radtechnologie gleichsam blockiert waren. Sie blieben bis zur Ankunft der Europäer tabu.

Die Radlosigkeit in den präkolumbischen Andenkulturen

Auch im präkolumbischen Südamerika hat sich keine angewandte Radtechnologie entwickelt, weder im Transportwesen noch sonstwo. Aber anders als in Mittelamerika gab es in den Andenkulturen jener Zeit auch keinerlei Radsymbolik. In der Abfolge der präkolumbischen Andenzivilisationen, beginnend mit Chavín um 1500 v. u. Z., ist für alle Regionalkulturen eine negative Konstante festzustellen: In keiner der Zivilisationen gibt es irgendwelche Assoziationen mit dem Rad, in welcher Funktion auch immer (Cáceres Macedo 2001).

Mit Blick auf die schmalen steinigen Pfade an Berghängen erscheint es nicht verwunderlich, dass den Andenbewohnern Transporte mit Wagen auf Rädern unbekannt waren. Für eine solche technologische Innovation hätte es unter den dortigen Gegebenheiten keine Motivation gegeben. Gepäck und Lasten aller Art wurden von Menschen transportiert. Wo die Wege dies zuließen, wurden auch Lamas als Transporttiere eingesetzt.

Die religiöse Welt der südamerikanischen Kulturen wurde dominiert von der Sonnensymbolik. Die Sonne war als männliches Wesen personifiziert. Bei den Inka hieß der Lichtgott Inti, er war laut mythologischer Überlieferung der göttliche Vorfahre der Inka. Figurative

Darstellungen zeigen den Gott als Person mit anthropomorphen Charakteristika, wobei jedoch der Kopf als goldene Sonnenscheibe mit Strahlengürtel erscheint. Unwillkürlich drängt sich für einen Europäer die Assoziation mit dem Sonnenrad auf, wie es charakteristisch für die Radsymbolik im Hinduismus und im Buddhismus ist. Doch diesbezüglich gibt es in den Andenzivilisationen keine Parallele.

In einem Kulturmilieu allerdings, wo anders als in Indien oder China praktische Anwendungen für das Rad gänzlich fehlen, gibt es auch im Bereich der Sonnensymbolik keinen assoziativen Auslöser für die Idee des Rads.

7.

Wege und Straßen

Der Transport mit Wagen auf Rädern macht nur Sinn, wenn es dafür auch Wege und Straßen gibt, auf denen man sich fortbewegen kann. Rad und Wagen sind nicht in einem Waldgebiet oder in der Wüste erfunden worden, denn im Wald mit Unterholz ist kein Durchkommen für ein größeres Gefährt, und in der Wüste würden die Räder eines Wagens einfach im Sand versinken.

Die Motivation für eine Revolutionierung der Transporttechnologie – das wurde eingangs schon beschrieben – aktivierte sich in einer Landschaftsform, in der man sich keine besonderen Gedanken darüber machen musste, wie und wo man sich bewegte: in der Steppenregion. Dort, wo der Wagen auf Rädern von den Viehnomaden eingesetzt wurde, bestand keine Notwendigkeit, Wege oder Straßen zu befestigen oder auszubauen. Bei den Fahrten über den harten Steppenboden folgte man bestimmten Trassen ohne feste Wegbegrenzungen.

Diese Art der Mobilität hat sich in einigen Weltengegenden über die Jahrtausende bis heute erhalten, beispielsweise in der Mongolei. Außerhalb von Städten und Ortschaften hat man für längere Strecken die Möglichkeit, frei durchs Gelände zu fahren. Wer mit dem Landrover oder Minibus unterwegs ist, peilt den Zielort an und orientiert sich an der Himmelsrichtung. Die Fahrt geht quer über die weite, offene Landschaft mit ihrem harten Boden. Das Einzige, worauf zu achten ist, sind Untiefen in der Bodenformation und Hindernisse wie Felsen, denen man ausweichen muss.

Anders waren die ökologischen Bedingungen in Regionen, wo sich Handelskarawanen auf festgelegten Routen über Land bewegten. Diese Routen waren in der Regel schmal und zwar geeignet für die Bewegung von Tieren, nicht aber für Wagen und Karren mit einer Achsenbreite von über einem Meter. Hier bestand also Innovationsbedarf für die verkehrstechnische Infrastruktur.

Straßenbau in den frühen Hochkulturen

Die Hauptverkehrsadern in den frühen Zivilisationen waren zu Anfang die großen Flussläufe und deren Nebenflüsse: die Donau in Alteuropa, Euphrat und Tigris in Mesopotamien, der Nil in Ägypten, der Indus in der Harappa-Zivilisation, der Yangtse in China. Der Transport von Lasten mit Booten und Schiffen ermöglichte die Überbrückung größerer Distanzen, wie dies ohne Wagen auf dem Land nicht gegeben war. Andererseits brauchte man Wege und Straßen für den Transport innerhalb von Siedlungen und für die Zufahrten von außerhalb. Das Transportwesen mit beräderten Wagen machte Straßen erforderlich, die dann wiederum der Radtechnologie zu ihrem weiteren Siegeszug verhalfen (Straube/Krass 2005). Die Vorteile für den Transport von Lasten und Handelsgütern zeigten sich zunächst beim Ausbau der verkehrstechnischen Infrastruktur in den frühen Metropolen mit festen Straßen für Wagen. In einem weiteren Schritt verbanden befestigte Wege Städte mit anderen Städten oder Häfen.

Die ersten Hochkulturen, in denen nachweislich schon früh systematisch Straßenbau betrieben wurde, waren Babylonien und Ägypten (Köpp 2013). Dabei ging es nicht immer um den Transport von Lasten mit Wagen. Vielmehr stand die technische Ausführung im Dienst spezieller Funktionen. So zeigt der antike Straßenbau eine breite Palette funktioneller Prioritäten (Lay 1992):

- Handelsstraßen (z.B. in China oder Syrien)
- Verwaltungsstraßen (z.B. in Indien oder Persien)
- Prozessionsstraßen und heilige Straßen (z.B. in Babylonien oder Griechenland)
- Straßen für den Transport von Baumaterial, sogenannte «Förderstraßen» (z.B. für den Pyramidenbau in Altägypten)

- Königsstraßen und Paradestraßen (z. B. in Syrien oder Griechenland)
- zentrale Heeresstraßen (z. B. in Makedonien oder im Römischen Reich)
- Prachtstraßen in Städten
- Straßen in Wohngebieten

Die ältesten archäologischen Spuren für eine gepflasterte Straße sind bei den Ausgrabungen in Troja ans Licht gekommen.

Wege und Straßen sind aus den verschiedensten Materialien gebaut und auf sehr unterschiedliche Art und Weise befestigt worden. Am Anfang standen Erdstraßen, in feuchtem Gelände auch Wege, die mit Knüppeln oder Bohlen ausgelegt waren. In den größeren Städten wurden Straßen auch gepflastert, wie die berühmte Prozessionsstraße in Babylon. Babylonier und später Assyrer verwendeten Ziegel für die Straßendecke und gossen die Rillen mit einer Art Asphalt aus.

Das erste Reich, in dem sich seit dem 5. vorchristlichen Jahrhundert für den Straßenbau imperiale Dimensionen eröffneten, war Persien. Der neunte Herrscher der Dynastie der Achämeniden, Darius (Dareios) I. (549–486 v. u. Z.), ließ die «Königsstraße» bauen (Kleiss 1981). Diese in erster Linie für den schnellen Kurierdienst angelegte Verkehrsader verlief von Susa (im iranischen Hochland) bis nach Sardis (heute Sart, östlich von Izmir, an der Westküste der Türkei) und erstreckte sich über eine Länge von rund 2700 Kilometern.

Eine solche Strecke konnten berittene Kuriere innerhalb von sieben Tagen überwinden. Der griechische Historiograph Herodot (5. Jahrhundert v. u. Z.) zeigte sich beeindruckt von der Schnelligkeit, mit der Nachrichten über eine so große Entfernung vermittelt werden konnten. Die Trasse der einstigen Königsstraße ist in Teilstrecken erhalten, integriert in Überlandstraßen der Neuzeit.

Ausgangsort für die Königsstraße war Persepolis, die Hauptstadt des persischen Reichs. Von dort verlief die Trasse der Straße in Richtung Nordwesten bis nach Susa. In westlicher Richtung ging es weiter bis Babylon, das rund 90 Kilometer südlich der heutigen irakischen

Hauptstadt Bagdad lag. In jener Gegend gabelte sich die Königsstraße. Von der Hauptstrecke aus Richtung Susa zweigte eine Nebenstrecke ab, die in Richtung Nordwesten über Ekbatana führte. Dort öffnete sich eine Anbindung an die Seidenstraße. Von Babylon aus ging es in Richtung Norden bis nach Ninive (heute Mosul im Irak), der ehemaligen Hauptstadt des assyrischen Reichs. In westlicher Richtung führte der Weg bis an die Küste des Ägäischen Meeres.

Die Trasse der Königsstraße verlief nicht immer gerade, sondern streckenweise in einigen Bögen durch die Landschaft. Es wird vermutet, dass der Teil der Straße in der ägäischen Küstenregion vielleicht ältere Verkehrswege integriert hat, die bereits zur Zeit des assyrischen Reichs (ab dem 8. Jahrhundert v. u. Z.) bestanden. Einige Archäologen sind der Ansicht, dass die eigentliche Endstation der Königsstraße nicht Sardis, sondern Ephesos war.

Eine wichtige strategische Rolle kam der Königsstraße in späterer Zeit zu, als nämlich diese Trasse zur Rollbahn wurde für die Armee Alexanders des Großen bei seinem Marsch bis nach Persien hinein.

In den Küstengebieten des Mittelmeers und des Schwarzen Meers verbreiteten sich Transporttechnik und Straßenbau im Zuge der griechischen Kolonisation seit dem 8. Jahrhundert v. u. Z.

Die Etrusker als Fahrzeug- und Straßenbauer

Die Etrusker planten nicht nur systematisch ihre Stadtanlagen, sie zeigten ihr Geschick auch in der Organisation des Verkehrswesens. Die Bautechnik etruskischer Straßen hat in solchen Fällen gut sichtbare Spuren hinterlassen, wo die Trassen römischer Straßen in späterer Zeit den etruskischen gefolgt sind. Bereits im ausgehenden 5. Jahrhundert v. u. Z. war der Bau von Verkehrswegen so weit entwickelt, dass wichtige Straßen gepflastert waren.

Etruskische Baumeister haben ihren Fingerabdruck auch in der verkehrstechnischen Binnenstruktur der Metropole Rom hinterlassen. Im ausgehenden 7. Jahrhundert v. u. Z. wurde das große Projekt der

Erschließung des Geländes rings um das Forum ins Leben gerufen. Das Forum erhielt in der römischen Ära das Attribut «Romanum», obwohl seine Konzeption auf die Zeit zurückgeht, als die Verwaltung und das Bauwesen in Rom in der Verantwortung der Etrusker lagen. Ursprünglich war das Forum eine feuchte Niederung, die um 625 v.u.Z. vom Tiber überflutet worden war. Das Gelände wurde in jahrelanger Arbeit trockengelegt und als Versammlungsort erschlossen. Die Römer übernahmen dann dieses Gelände, das nie wieder unter Wasser stand. Es waren auch etruskische Ingenieure, die eine wichtige Verkehrsader in Rom gebaut haben, die Via Sacra, deren Verlauf von den Römern beibehalten wurde (Kolb 2002).

Die Etruskerstädte wurden zwar nach und nach von den Römern erobert, ihnen blieb aber über längere Zeit verwaltungstechnische Autonomie zugestanden. Es kam nicht zu einer vollständigen Entmachtung der dortigen lokalen Elite (Jolivet 2013: 151ff.). Und solange diese Autonomie in Kraft war, kümmerten sich die Städte in Etrurien um die Erhaltung des Verkehrsnetzes. Die Lage änderte sich allmählich, als nach und nach römische Kolonien (*municipia*) gegründet wurden, wo sich lateinischsprachige Siedler niederließen. Den kontinuierlichen Zuzug römischer Siedler in die Ländereien der ehemals mächtigen etruskischen Stadtstaaten konnten diese nicht aufhalten. Diese Kolonisierung Etruriens war eine politisch gelenkte Bewegung, um die Integration der etruskischen Bevölkerung in das Imperium Romanum zu fördern.

Nicht nur im Bereich des Straßenbaus waren die Etrusker die Lehrmeister der Römer, auch was die Konstruktion von Wagen betraf, haben etruskische Handwerker und Techniker den Römern das wesentliche Wissen vermittelt. Auskunft über die Wagentypen, die auf den Straßen der Etrusker verkehrten, geben die Beigaben in den frühen Gräbern des 8. und 7. Jahrhunderts v.u.Z. Diese Wagen waren offensichtlich bei den Angehörigen der Elite zu deren Lebzeiten in Gebrauch und wurden den Verstorbenen mitgegeben auf ihre Reise ins Jenseits. Seit dem 6. Jahrhundert v.u.Z. waren keine Gefährte mehr unter den Grabbeigaben zu finden.

Diese Sitte hielt sich aber in ländlichen Gebieten, aus denen auch die am besten erhaltenen zweirädrigen Streitwagen der damaligen Zeit stammen (Emiliozzi 2017). Für den Transport von Lasten wurden zweirädrige Karren verwendet, mit Geländer als Begrenzung des Kastens und mit Scheibenrädern.

Kernbegriffe der etruskischen Nomenklatur in den Bereichen des Fahrzeug- und Straßenbaus sind in den lateinischen Wortschatz übernommen und tradiert worden (Haarmann 2019: 161 f.):

arcera «ländlicher, allseits bedeckter und gepolsterter Wagen in Kastenform für Kranke und Greise»
carpentum «zweirädriger, zweispänniger (meist mit Schutzdach versehener) Stadt-, Reise- oder Gepäckwagen»
cisium «leichter, zweirädriger Reisewagen»
gricenea «Ring am Ende des Wagenbalkens»
pilentum «Hängewagen, Kutsche (an Stangen getragen)»
plaustrum «zwei-, später vierrädriger Wagen, Frachtwagen»
ploxenum «Wagenkasten»
trames «Seitenweg, Weg»

Das Verkehrsnetz in den römischen Kolonien

In der konventionellen Geschichte des römischen Straßenbaus wird als erste Überlandstraße die Via Salaria erwähnt, die von Rom bis zur Adriaküste führte. Diejenigen, die den Verlauf der Via Salaria geplant und deren Bau ausgeführt hatten, waren aber ebenfalls die Lehrherren der Römer, die Etrusker. Römische Straßenbauer haben jedoch das Verkehrsnetz weit über Italien hinaus erweitert, nach Mitteleuropa (Germanien), nach Gallien, auf die Iberische Halbinsel, nach Südosteuropa und durch Nordafrika.

Auch das Straßennetz Etruriens wurde nun im Zuge der Besiedlung durch römische Kolonisten stark erweitert, was wiederum die Gründung von immer neuen *municipia* stützte. Die römischen Baumeister setzten dabei die Tradition des etruskischen Straßenbaus fort.

Die Via Appia, die Militärstraße von Rom nach Capua, wurde 312 v. u. Z. angelegt.

Die Kolonien mit römischem Bürgerrecht in Etrurien entwickelten sich zu Zentren des Romanismus, von wo römische Lebensart und lateinischer Sprachgebrauch ausstrahlten. Als im Jahr 89 v. u. Z. den Bewohnern Etruriens das römische Bürgerrecht zugestanden wurde, waren die Städte Etruriens bereits vollständig eingebunden in das römische Netz urbaner Agglomerationen in Italien.

In den größeren Städten des römischen Imperiums wurden Straßen zur Befestigung gepflastert, das zeigen zum Beispiel archäologische Reste aus Pompeji. Es gab noch eine andere, spezielle Form der Befestigung. Das war die Verwendung von «Beton» (*opus caementitium*) – eine römische Erfindung. Der römische Beton bestand aus einer Mischung, zu der unter anderem Kalk mit hydratischen, im Wasser bindefähigen Zusätzen (Puzzolane, Tonziegelmehl) und Sand, Kies oder Steine gehörten.

Die berühmteste aller römischen Straßen war wohl die Via Appia, die von Rom über eine weite Strecke bis Brundisium (heute Brindisi) an der Adriaküste führte. Am Anfang war die 6 Meter breite Trasse mit Kies bestreut. Dieser Verkehrsweg wurde vom römischen Censor Claudius Appius Caecus geplant und ausgeführt und im Jahr 312 v. u. Z. fertiggestellt. Ursprünglich war er als Transportweg für römische Truppen geplant. Den Armeeeinheiten sollten militärische Vorstöße in den Süden Italiens erleichtert werden, um die dortigen nichtrömischen Bevölkerungsgruppen römischer Kontrolle zu unterstellen.

In der Zeit zwischen 295 und 123 v. u. Z. wurde die Via Appia, wie auch andere Überlandstraßen, mit einem Pflaster aus Steinplatten befestigt, die einen Durchmesser zwischen 30 und 70 Zentimetern hatten. Später, als die Verkehrsadern in Italien ihre Bedeutung als militärische Rollbahnen verloren hatten, wurde kein Aufwand mehr für eine technisch und materialmäßig aufwändige Pflasterung getrieben.

Alle wichtigen Überlandstraßen in Italien verliefen von Rom aus und nach Rom hinein (Via Appia, Via Claudia, Via Aurelia, Via Tiburtina, Via Cassia, Via Flaminia, Via Salaria, Via Casilina, Via Latina, Via Laurentina u. a.). Aus dieser Bündelung von Verkehrsadern im Raum der römischen Metropole entstand die Redensart: «Alle Wege führen nach Rom».

Der römische Straßenbau hat sich interkontinental ausgeweitet. Römerstraßen wurden in Europa, Kleinasien, im Nahen Osten, in Ägypten und im westlichen Teil Nordafrikas angelegt. Während der Regierungszeit von Kaiser Trajan (53–117 u. Z.) erweiterte sich das Verkehrsnetz des Römischen Reichs über ca. 80 000 Kilometer. Hinzu kamen nichtbefestigte Überlandstraßen mit einer Länge von rund 300 000 Kilometern. Die größte Ausdehnung hatte eine Verkehrsstraße, die in Nordafrika verlief. Dies war die Via Nerva, die von Gibraltar bis nach Alexandria in Ägypten führte, über eine Distanz von rund 2000 Kilometern.

8.

Räderwerke: Auf dem Weg ins Maschinenzeitalter

Die Kombination von Rad und Achse war eine primäre Umsetzung innovativer Technologie. Ihre frühesten Manifestationen waren, wie gezeigt, das Töpferrad und der Wagen auf Rädern. In der Nachfolge sind in einem sekundären Schub vielerlei andere Experimente mit der Radtechnologie durchgeführt worden, die durch ganz unterschiedliche Zielsetzungen motiviert waren. Räder traten nun in den verschiedensten Varianten auf: als Rollen, Walzen, Trommeln, Zahnräder, Triebräder usw. Sie wurden die wesentlichen Teile von immer komplexeren Konstruktionen, Getrieben, Maschinen und technischen Apparaturen unterschiedlicher Bauart. Die in diesem Kapitel beschriebenen sekundären Innovationen der Radtechnologie bedeuten eine Erweiterung von effektiven Anwendungen, sowohl für die Erfindung von Kriegsmaschinen (Belagerungsturm und Rammbock) als auch für eine friedliche Nutzung (Schraubenpumpe, Schöpfrad, Windmühle, Spinnrad).

Sie sind aber nur eine Auswahl von solchen sekundären Anwendungen der Technologie des Rades – dem menschlichen Erfindungsgeist waren und sind keine Grenzen gesetzt.

Rammböcke und Belagerungstürme auf Rädern

Es ist ungeklärt, ob schon die Sumerer eine Art Belagerungsmaschine erfunden haben, eine Plattform auf Rädern, mit deren Hilfe Kämpfer an Stadtmauern herangezogen werden konnten. Bezeugt sind solche

Ein Belagerungsturm in Aktion. Assyrisches Relief, Nordwestpalast von Nimrud (Raum B, Tafel 18)

Vehikel als rollende Belagerungsmaschinen für die Ausrüstung der babylonischen und assyrischen Armee. Die frühesten Zeugnisse und bildlichen Darstellungen datieren ins 11. Jahrhundert v. u. Z.

Die älteste Konstruktion war ein hoher Belagerungsturm, auf dessen oberster Plattform Kämpfer in Bereitschaft standen, um über die Mauer einer belagerten Stadt zu springen. Wenn der Turm an die Mauer herangerollt worden war, öffnete jemand oben eine Luke, die auf der Mauerkrone zu liegen kam. Damit wurde die Luke zum Laufsteg, über den die Angreifer auf die Mauer gelangten. Der Turm war aus Holz gebaut, was die Belagerungsmaschine anfällig machte für brennendes Pech, das von den Verteidigern von oben herabgeschüttet wurde. Als Brandschutz waren solche Türme entweder mit Eisenfolien oder mit frischen Tierhäuten beschichtet.

Im unteren Teil war ein Rammbock installiert, der als Mauerbrecher eingesetzt wurde. Rammböcke auf Rädern wurden auch unabhängig von den Belagerungstürmen verwendet. Eine systematische Ausstattung der Armeen des Nahen Ostens mit solchen Belagerungsmaschinen geht auf das 9. Jahrhundert v. u. Z. zurück.

Die Effektivität der Belagerungstürme und Rammböcke führte dazu, dass solche Maschinen für die Kriegsführung in anderen Regionen zum Einsatz kamen, so in Ägypten (bezeugt seit dem 8. Jahrhundert v. u. Z.) und in Altchina (erwähnt in Quellen aus dem 5. Jahrhundert v. u. Z.). Seit dem 4. Jahrhundert v. u. Z. wurden Belagerungstürme auch von den Griechen verwendet. Der früheste Nachweis ist assoziiert mit der Belagerung von Rhodos im Jahr 305 v. u. Z. Der damals eingesetzte Turm war ungefähr 40 Meter hoch und 20 Meter breit, mit einer Besatzung von rund 200 Kämpfern.

Die Römer machten in ihren Belagerungskriegen ausgiebig Gebrauch von Türmen und Rammböcken für den Einsatz als Belagerungsmaschinen (Campbell 2005). Belagerungstürme sind auch über die Antike hinaus während des Mittelalters eingesetzt worden. Deren Bauweise und Ausstattung wurden mit der Zeit immer aufwendiger. In einem Bericht über die Belagerung einer Burg in England (Kenilworth Castle 1266) ist davon die Rede, dass auf einem einzigen Turm 200 Bogenschützen und 11 Katapulte Platz hatten. Großformatig waren auch die Kriegsmaschinen der osmanischen Angreifer bei der Belagerung von Konstantinopel 1453 (Turnbull 2004).

Das Zeitalter des Schießpulvers und der Kanonen motivierte eine Umrüstung der rollenden Belagerungsmaschinen. Die Türme behielten ihre ursprüngliche Funktion bei, wurden aber umgebaut zu sogenannten Batterietürmen. Darauf wurden Kanonen mit großem Kaliber und auch leichte Kanonen installiert, deren Feuerkraft die Wucht des Angriffs bestimmte. Solche Batterietürme wurden zum Beispiel vom russischen Heer bei der Belagerung von Kasan im Jahr 1552 eingesetzt (Nosov 2006). Die Eroberung der Festungsanlagen besiegelte das Ende der Herrschaft des Tatarenkhanats.

Die Hängenden Gärten der Semiramis und die Archimedische Schraube

Die Hängenden Gärten der Semiramis (im 18. Jahrhundert auch «schwebende Gärten» genannt) gehörten zu den sieben Weltwundern. Wie nur konnten diese üppig bepflanzten Terrassenflächen bewässert werden? Die Antwort darauf hat mit der Geschichte des Rades zu tun. Dies lohnt einen Blick auf die geheimnisumwitterte Anlage, über die in den zahlreichen Quellen keine genauen Angaben zu finden sind, denn es gibt keine Augenzeugenberichte über dieses antike Weltwunder.

Geheimnisvoll ist nicht nur die Zuweisung zu einem bestimmten Herrscher, der als Bauherr infrage kommt, sondern auch zu einem bestimmten Ort. Als Ort wird allgemein die am Euphrat gelegene antike Stadt Babylon genannt, und als Bauherrin tritt Semiramis auf. Diese mythisch verklärte Gestalt hat die Gemüter von Schriftstellern und Dichtern von der Antike bis in die Zeit des Barock kontinuierlich bewegt (Droß-Krüpe 2021). In dem Werk *Persika* des Ktesias von Knidos (um 400 v. u. Z.) wird Semiramis als Tochter der Göttin Derketo von Askalon vorgestellt, die sich mit einem Sterblichen eingelassen hatte. Das kleine Mädchen wird ausgesetzt, von Tauben – den der Aphrodite heiligen Tieren – vor Kälte geschützt und ernährt (mit Milch und Käsebrocken). Hirten finden das Mädchen und bringen es an den Hof des Königs, wo ihm der Name Semiramis gegeben und sie großgezogen wird. Die Geschichte der Prinzessin und späteren Königin ist anekdotenreich und gipfelt in der Behauptung, sie habe Babylon erbaut – und dazu gehörten auch die Hängenden Gärten. All diese Informationen hat einer der späteren Historiographen, Diodorus Siculus (in seiner *Bibliotheca historica* 2, 4–20), im 1. Jahrhundert v. u. Z. nach den Angaben im Werk von Ktesias zusammengetragen, das zu seiner Zeit wohl noch zugänglich war. Eine sichere Assoziation der Hängenden Gärten mit der vermuteten Bautätigkeit von Semiramis lässt sich weder archäologisch noch kulturwissenschaftlich untermauern.

An dieser Verbindung hat bemerkenswerterweise bereits Diodorus Zweifel anmeldet. Nach seiner Ansicht ließ der neubabylonische König Nebukadnezar II. (reg. 605–562 v. u. Z.) die Hängenden Gärten errichten. Seine Gemahlin stammte aus dem Bergland und vermisste in der Tiefebene die Landschaft ihrer Heimatregion. So ließ der König die terrassierten Gärten für sie anlegen.

Als der deutsche Archäologe Johannes Koldewey Ende des 19. Jahrhunderts mit den Ausgrabungen des alten Babylon begann, entdeckte er auch eine Brunnenanlage, die er als Reste der Hängenden Gärten der Semiramis deutete. Gegen diese Identifizierung sind später wiederholt Zweifel angemeldet worden. Überhaupt ist Babylon als Verortung für das Weltwunder verworfen worden, denn in den *Historien* von Herodot (5. Jahrhundert v. u. Z.) ist von den Gärten der Semiramis in Babylon keine Rede.

Als Alternative ist Ninive im Gespräch. Seit den 1990er-Jahren hat sich die britische Assyriologin Stephanie Dalley (Universität Oxford) um den Nachweis bemüht, dass die Hängenden Gärten ein Teil der ausgedehnten Anlage des Palastgartens von König Sanherib (reg. 705–680 v. u. Z.) gewesen seien.

Was die Bewässerung der Pflanzen auf den hoch gelegenen Terrassen des Palastgartens angeht, so bietet Dalley (1994: 45 ff.) eine außergewöhnliche Antwort. Gestützt auf technische Anleitungen in Keilschrifttexten gelangt sie zu der Erkenntnis, dass es eine komplexe Anlage gegeben habe, die an eine frühe Vorform der «Archimedischen Schraube» (siehe unten) denken lässt. Und hier sind wir nun bei der Dynamik der angewandten Radtechnologie. In der Rekonstruktion nach den Hinweisen in den Keilschrifttexten handelte es sich bei dieser Konstruktion um eine Art Schrauben- oder Schneckenpumpe *(screw pump)*. Diese Förderanlage mit einer schneckenförmigen Wendel wurde mittels einer Handwalze auf einer Achse gedreht. So wurde Wasser am unteren Ende aufgenommen, durch den Dreheffekt immer weiter nach oben angehoben und floss am oberen Ende in einen Trog oder ein Becken aus.

Auf diese Weise konnte Wasser vom Ufer des Tigris weiter nach oben auf die erste Terrasse und von dort auf die nächsthöhere Terrasse geleitet werden. Dies setzte die Installation mehrerer Schraubenpumpen, verteilt auf einzelne Terrassen, voraus. Damit war eine kontinuierliche Bewässerung der Anpflanzungen gewährleistet, ohne dass Wasser in Kübeln über Treppen hochgetragen werden musste.

Die spätere Variante dieser Innovation war die Archimedische Schraube, so benannt nach dem griechischen Mathematiker und Techniker Archimedes (3. Jahrhundert v. u. Z.), der als ihr Erfinder gilt. Die erste technische Beschreibung einer Schraubenpumpe findet sich im 6. Kapitel von Band X des zwischen 33 und 22 v. u. Z. kompilierten Werks *De architectura libri decem* des römischen Schriftstellers Vitruvius.

Das Prinzip der Archimedischen Schraube wurde bis in unsere Zeit genutzt. In der Neuzeit wurden Schraubenpumpen vorzugsweise von niederländischen Technikern zur Entwässerung feuchter Niederungen verwendet (sogenannte Poldermühlen). Bis ins 20. Jahrhundert wurden in Ostfriesland solche Wasserschöpfmühlen zur Entwässerung eingesetzt (Nagel 1988).

Göpel und Getriebe: Das Zahnrad

Das Zahnrad ist bekanntlich ein Rad, über dessen Umfang in gleichmäßigen Abständen Zähne verteilt sind. In seiner frühesten Form im 3. Jahrhundert v. u. Z. waren dies Pflöcke, die in den Umfang eines hölzernes Rades gesteckt wurden. Das Zahnrad hat im Laufe seiner Geschichte Aufbau und Funktion von vielerlei Mechanismen und Maschinen dominiert. Schon zwei Zahnräder ergeben ein Zahnradgetriebe. Seine Funktion ist je nach Verwendungszweck die Änderung der Drehfrequenz, des Drehmoments, des Drehsinns oder der Achsenlage. Mithilfe einer Zahnstange lässt sich eine Rotationsbewegung in eine lineare Bewegung umwandeln. Zahnräder wurden zu den am häufigsten in Getrieben eingesetzten Maschinenelementen (Wittel u. a. 2019).

Fragment des Mechanismus von Antikythera, um 205 v. u. Z. Das größte Zahnrad hatte einen Durchmesser von ca. 14 cm und 223 Zähne.

Die Geschichte der Umsetzung des Zahnradprinzips beginnt mit der Idee der synchronen Kraftübertragung der Drehbewegung des Rads und von Seilen, die über Rollen liefen (Neuburger 1919: 212, 221). Dies war das Prinzip des Flaschenzugs, das bereits von den Assyrern angewandt wurde. Das Zusammenwirken der Rollen im Flaschenzug wurde um 330 v. u. Z. erstmals von Aristoteles erklärt. Das Zahnrad – in seiner hölzernen Urform – und der Flaschenzug kamen beide in den Göpeln zur Anwendung, die seit dem 3. Jahrhundert v. u. Z. zum Wasserschöpfen in Ägypten eingesetzt wurden (Sakia, s. unten, Schöpfräder).

In der griechischen Antike verwendeten kreative Techniker Zahnräder in den verschiedensten Mechanismen. So ersann der Erfinder Ktesibios in Alexandria (3. Jahrhundert v. u. Z.) eine Wasseruhr, deren Zeigerstab mit kleinen Zahnrädern bestückt war. Seine Konstruktionen kannte natürlich auch der Mathematiker und Ingenieur Heron von Alexandria (1. Jahrhundert n. Chr.), der unter anderem eine windgetriebene Orgel baute. Rätsel gibt bis heute der Mechanismus von Antikythera (vermutlich 205 v. u. Z.) auf, in dem ebenfalls das Zahn-

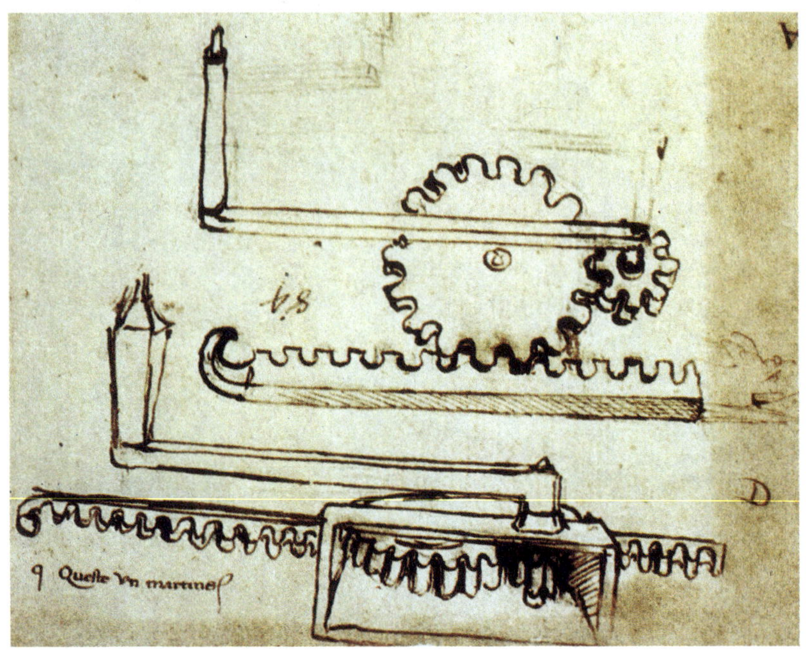

Zeichnung zu einem Zahnradgetriebe von Leonardo da Vinci

radprinzip zur Anwendung kam. Reste dieser Apparatur wurden in einem Schiffswrack vor der griechischen Insel Antikythera gefunden. Die Rekonstruktion von insgesamt 82 Fragmenten zu drei größeren Teilen legt nahe, dass dieser Mechanismus, der mehrere kalendarische Skalen enthält, zur Beobachtung der Bewegungen von Sonne und Mond diente, vermutlich auch zur Bestimmung des Zyklus der Olympischen Spiele (Marchant 2011).

Im Verlauf des Mittelalters wurden Zahnräder für verschiedene Mühlentypen verwendet, für Wassermühlen (seit dem 9. Jahrhundert) und Windmühlen (seit dem 12. Jahrhundert).

Fasziniert von Zahnrädern war offensichtlich auch der Universalgelehrte Leonardo da Vinci. Die systematische Anwendung des Zahnradprinzips für die verschiedensten Apparate und Getriebemechanismen wird in seinen Modellen von Maschinen offensichtlich, die er in seinen Schriften anschaulich vorgestellt hat (Bucolo u. a. 2020).

Während also in der Alten Welt mit vielfältigen Anwendungsbereichen der Zahnradtechnologie experimentiert wurde, gab es weit entfernte Kulturen, wo das Prinzip des Zahnrads zwar theoretisch bekannt war, es aber nicht zu einer praktischen Umsetzung gekommen ist. Wie wir gesehen haben, findet man beeindruckende Beispiele für eine rein symbolische Präsenz des Zahnradprinzips in den präkolumbischen Zivilisationen Mittelamerikas (siehe Kapitel 6).

Es dauerte erstaunlich lange, bis auf der Basis eines Zahnrädermechanismus ein Uhrwerk erfunden wurde. Bezeugt ist es erst für das späte Mittelalter (Farrell 2020). Dabei reichen die Wurzeln der Zeitmessung mittels Uhren weit in die Geschichte zurück. Viele Kulturen der Antike maßen die Zeit mithilfe von Sonnenuhren, deren Exaktheit allerdings eingeschränkt blieb. Im Verlauf des 15. und 16. Jahrhunderts blühte die Fertigung von Uhrwerken auf, die die Zeit auf Zifferblättern anzeigten und in Verbindung mit einem Schlagwerk die vollen Stunden einläuteten. Die erste Erwähnung von Zahnrädern aus Eisen ist im Traktat *De re metallica libri XII* (1556) von Georgius Agricola zu finden. Die Rotationsbewegung der Zeiger einer Uhr machen das Prinzip angewandter Radtechnologie im wahrsten Sinn des Wortes «augenfällig».

Wenn ein Laie ins Innere einer mechanischen Uhr schaut, ist er tief beeindruckt von ihrem Räderwerk. Angesichts des Gewirrs kleinerer und größerer Miniaturräder bleiben ihm die verschiedensten Anwendungen im Sinn primärer und sekundärer Radfunktionen jedoch verborgen.

Schöpfräder und Wassermühlen

Wie weit in der Zeit die Geschichte der Schöpfräder zurückreicht, ist nicht näher bekannt. Jedenfalls waren Schöpfräder, mit deren Hilfe man Anbauflächen bewässerte, schon seit dem 5. Jahrhundert v. u. Z. im Mittleren Osten in Gebrauch. Aus jener Großregion sind auch die größten je gebauten Schöpfräder überliefert. In der Gegend von Hama

(Syrien) gab es ein Schöpfrad, das beim Wassertransport einen Höhenunterschied von mehr als 30 Metern überwinden konnte. Auch in Ägypten ist die Tradition der Schöpfräder alt. Im Fayyum-Becken ist ihr Gebrauch für die Zeit zwischen dem 4. und 2. Jahrhundert v. u. Z. bezeugt. Älter noch als das sich durch Wasserkraft drehende Schöpfrad ist der Typ der Sakia (Saqiya), eine Konstruktion mit Schöpfbehältern, die von Zugtieren (vornehmlich Eseln) oder auch von Menschen angetrieben wurden. Sakias waren in Ägypten vielleicht schon seit dem ausgehenden 3. Jahrtausend v. u. Z. in Gebrauch (Brodersen 2004, Dalley 1994, 2013, Dalley/Oleson 2003, Thiele 2006). Diese Art Göpel wurden im gesamten Mittelmeerraum jahrhundertelang eingesetzt, als Zugtiere dienten auch Ochsen und Pferde.

Als die Araber im Zuge der islamischen Expansion im Mittelalter weite Gebiete in Vorderasien unter ihre Kontrolle brachten, übernahmen sie wichtige technische Einrichtungen, so auch Schöpfräder zur Bewässerung. Nicht nur ganz Nordafrika, sondern auch die Iberische Halbinsel gehörte seit dem 8. Jahrhundert zur arabisch-islamischen Einflusssphäre. Wasserräder wurden in vielen Regionen eingesetzt, vor allem, aber nicht nur in Andalusien mit seinem trockenen Klima. Auch nach dem Ende der arabischen Herrschaft in Spanien (1492) blieb das Schöpfrad (span. *noria*) als technische Einrichtung weiterhin in Gebrauch, und in ländlichen Gebieten ist es bis heute eine feste Einrichtung.

Seit dem 3. Jahrhundert v. u. Z. sind auch Mühlen mit Wasserantrieb zum Mahlen von Korn bekannt. In einer Wassermühle ist ein Mahlstein im Zentrum des Mühlengebäudes platziert, der um eine Mittelachse rotiert. Das Ende der nach innen verlängerten Achse des Mühlrads überträgt die Drehkraft auf Walzen, die im gegenläufigen Drehrhythmus mit dem Mahlstein Körner zu Mehl zerreiben. Die Wasserkraft dient auch als Antrieb für andere Mühlentypen wie z. B. Sägemühle oder Hammermühle (Meyer-Hermann 2011).

Die frühesten Hinweise auf solche Wassermühlen stammen aus China. Seither sind Mahlmühlen auch in Altägypten, in Persien sowie in Griechenland und in Italien bezeugt. Über römische Vermittlung

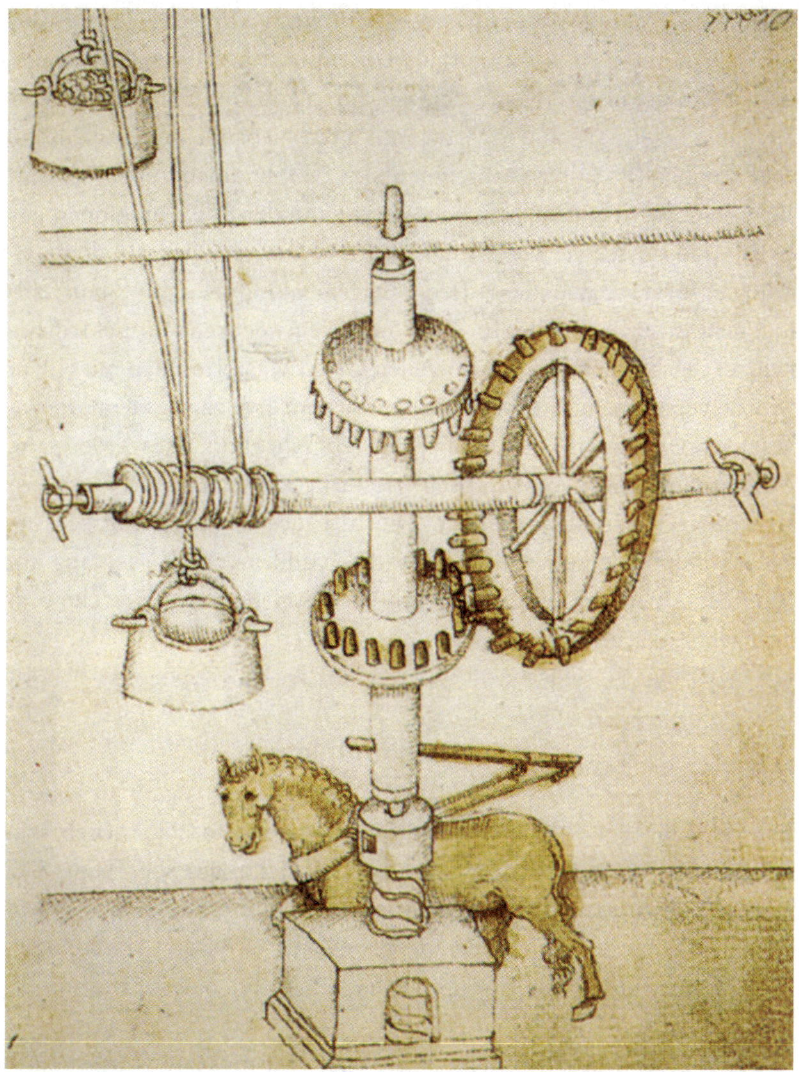

Ein Pferdegöpel mit Getriebe und über Rollen laufenden Zugseilen. Technische Zeichnung von Mariano di Jacopo, genannt Taccola (Krähe), um 1430

wurde die Technologie der Wassermühle nach Mitteleuropa transferiert. Der älteste Fund stammt aus Düren (im Rheinland) und datiert in den Anfang unserer Zeitrechnung. Im 4. Jahrhundert werden Wassermühlen erstmals an der Mosel und ihren Nebenflüssen erwähnt.

Seit dem Mittelalter verbreiteten sich Mahlmühlen zunehmend in West- und Mitteleuropa, sie wurden auch in den Küstenregionen der Nord- und Ostsee verwendet. Die weite Verbreitung der Mühlentechnologie führte dazu, dass deren Betrieb als Quelle für Steuereinnahmen attraktiv wurde. Im Zuge der flächendeckenden Elektrifizierung in der Neuzeit wurden an vielen Orten Wassermühlen mit einem Motor versehen, was deren Betrieb mit einem kleinen «Kraftwerk» vergleichbar macht. Seit Mitte des 20. Jahrhunderts werden alte Mahlmühlen mit Wasserantrieb verstärkt als historische Denkmäler konserviert und restauriert. Die Idee des kleinen Kraftwerkbetriebs findet heutzutage auch für die Mühlentechnik Anklang im Rahmen der Aktivierung erneuerbarer Energiequellen (Giesecke u. a. 2009).

Die Windmühle

Die Nutzung der Windenergie mithilfe von Segeln als Antrieb von Booten und Schiffen ist so alt wie die Geschichte des Schiffbaus. Die ersten seetüchtigen Fahrzeuge wurden zur Zeit der Donauzivilisation an den Küsten des Ägäischen Meeres gebaut. Früheste Abbildungen von Booten und Schiffen mit Masten gehen auf das 5. Jahrtausend v. u. Z. zurück (Haarmann 2018).

Das Rad als Komponente in einem Mechanismus zur Windenergienutzung tritt allerdings erst sehr spät auf, und zwar gegen Ende der Antike. In welcher Region und zu welcher Zeit zum ersten Mal mit dem Bau von Windmühlen experimentiert wurde, ist bis heute nicht mit Sicherheit zu bestimmen. Es gibt Hinweise (Textpassagen im *Codex Hammurabi*), wonach Windmühlen vielleicht schon im ausgehenden 3. Jahrtausend v. u. Z. in Mesopotamien eingesetzt wurden

(Michalak/Zimmy 2011: 2330). Und es gibt Indizien, dass Windmühlen in Ägypten seit Beginn des 1. Jahrtausends v. u. Z. gebaut wurden. Ob allerdings Phöniziern, Griechen und Römern die Technik von Windmühlen vertraut war, ist ungewiss (Hau 2014: 1 f.).

Seit dem 9. Jahrhundert dienten frühe Konstruktionen von der Bauart einer Windmühle in Persien dazu, Korn zu mahlen. In China wurden seit dem Mittelalter Windräder als Antrieb für Wasserpumpen eingesetzt. Die Drehachse solcher Mechanismen stand senkrecht, die Drehkreisebene war horizontal ausgerichtet. Ingenieure kategorisieren die persische Windmühle als Widerstandsläufer, die chinesische Windmühle dagegen als Auftriebsläufer. Die Technik des Widerstandsläufers nutzt den vom Windzug erzeugten Widerstand und wandelt diesen in Drehenergie um, zur Bewegung der Flügel. Beim Auftriebsläufer sind die Flügel waagerecht montiert, sodass Windströmungen von unten nach oben die Drehenergie liefern (Yan/Caccarelli 2011).

Das Prinzip der Windmühle zum Getreidemahlen mit horizontaler Drehachse ist in Europa seit dem 12. Jahrhundert bekannt. Im Zuge der Kolonisierung des nordamerikanischen Kontinents durch Europäer kam es zur Entwicklung von Windmühlen in der Funktion von Wasserpumpen (wind pump). Solche hohen Windräder – Westernmill, Windradmühle oder auch Westernrad genannt – sind bis heute vielerorts verbreitet, weit über Amerika hinaus (Hau 2014).

Die späte Erfindung des Spinnrads

Es gibt technische Bereiche, in denen die Radtechnologie zur Anwendung kam, aber herkömmliche Techniken deshalb weder aufgegeben wurden noch verloren gingen. Spinnen und Weben sind zusammengehörige Handwerke, die seit dem Neolithikum praktiziert werden. Doch erst Jahrtausende später wurde das Spinnrad eingeführt. Dennoch gab es Kulturphasen, in denen sowohl Handspindel als auch Spinnrad verwendet wurden.

Die Steppennomaden kannten eine elementare Webtechnik zur Verarbeitung von Pflanzenfasern. Die fortgeschrittene Verarbeitungsweise von aus Wolle gesponnenen Fäden, wie sie seit dem frühen Neolithikum bei den Alteuropäern verbreitet war, lernten die Indoeuropäer erst im Zuge ihrer Migrationen kennen. Zwar sind von den Textilien, die von den Leuten in der Donauzivilisation gewebt wurden, nur Reste erhalten, aber das dekorative Design ist parallel dazu im Dekor von Keramikgefäßen zu erkennen. Das zentrale Element in der Webkunst der frühen Zivilisationen waren Spindeln aus Ton. Die ältesten Funde datieren ins 6. Jahrtausend v. u. Z.

Angesichts der kreiselnden Bewegung einer Spindel drängt sich unwillkürlich die Assoziation mit dem Rad als Hilfsinstrument auf. Man würde aus heutiger Sicht erwarten, dass es nicht lange dauerte, bis die innovative Radtechnologie sich auch im Bereich des Spinnens und Webens manifestierte. Doch dem war nicht so. Nirgendwo auf der Welt hat es frühe Experimente zur Erfindung des Spinnrads gegeben. Jahrtausendelang blieb die Spindel das einzige Werkzeug, Fäden zu spinnen.

Für die Indus-Zivilisation ist die Vermutung geäußert worden, dass die dort gefundenen strammen Fäden und exakten Webmuster möglicherweise ein Zeichen dafür sind, dass dort die Radtechnologie eine Art Spinnrad hervorgebracht hätte (Ahmed 2014). Doch die archäologische Fundlage spricht nicht dafür. Feste Fäden kann auch eine geschickte Weberin produzieren, von der Exaktheit der Webmuster ganz zu schweigen.

Ein ähnliches Bild ergibt sich für die griechische Welt. Dort hat die Göttin Athene nach der mythischen Überlieferung den irdischen Frauen das Spinnen der Wolle, das einfache Weben und das Musterweben beigebracht. Spinnen und Weben werden bereits in der ältesten epischen Literatur als weibliche Domäne ausgewiesen (z. B. in der *Odyssee I*, 356–357). Obwohl in der griechischen Antike das Rad in verschiedenen praktischen Funktionen eingesetzt wurde – vom Töpferrad über den Streitwagen bis zum Wasserrad –, hat das weit verbreitete Webhandwerk nicht die Motivation für die Erfindung des

Eine Frau am Spinnrad; Seidenmalerei (Ausschnitt) von Wang Juzheng aus der Zeit der nördlichen Song-Dynastie, 960–1279

arbeitserleichternden Spinnrads geliefert. Die Frauen Athens schlossen sich in Kooperativen zusammen, stellten zu Hause Textilien her, die sie dann auf dem Markt, an Verkaufsständen auf der Agora, anboten. Vom Spinnen bis zum fertig gewobenen Textil wurde alles per Hand gemacht, ohne technische Hilfe durch das Rad.

Die Anfänge einer Verwendung des Spinnrads sind nicht eindeutig geklärt. In der wissenschaftlichen Diskussion werden drei Ursprungsregionen für diese Innovation in Betracht gezogen: China, Indien und Persien. Auch über den möglichen Zeitraum der Einführung des Spinnrads herrscht keine Einigkeit. Archäologische Funde stammen erst aus einer Zeit, als das Spinnrad schon in Gebrauch war. Erste Abbildungen sind aus dem 11. Jahrhundert überliefert, und zwar aus China zur Regierungszeit der nördlichen Song-Dynastie. Die drei Regionen standen während des Mittelalters im Kulturkontakt, sodass ein technologischer Transfer sehr wahrscheinlich ist.

Deng und Wang (2005) sprechen sich für eine Erfindung des Spinnrads in China aus, während Smith und Cothren (1999) Indien als Ausgangsland identifizieren. Die weite Verbreitung dieser spezialisierten Radtechnologie in den islamischen Ländern jener Zeit könnte auch ein Hinweis darauf sein, dass Persien vielleicht das Ursprungsland war. Dann wäre das Spinnrad wegen seiner enormen praktischen Vorteile von dort rasch nach China und Indien transferiert worden.

Aus dem Mittleren Osten ist das Spinnrad wohl im Verlauf des 13. Jahrhunderts nach Europa gelangt. Die früheste europäische Abbildung stammt aus der Zeit um 1280 (Pacey 1991: 23 f.). Seit dem 13. Jahrhundert sind immer mehr Orte, vor allem in Mitteleuropa, bekannt, wo das Spinnrad eingeführt wurde. Die erste Version des mittelalterlichen Spinnrads war das Spindelspinnrad (bzw. Flügelspinnrad). Damit wurden das Spinnen und die Herstellung von Fäden deutlich erleichtert. Dennoch wurde die einfache Spindel ohne Rad nicht selbstverständlich und überall durch das Spinnrad ersetzt. In einigen Gegenden Frankreichs verwendete man sie noch bis Mitte des 18. Jahrhunderts (Landes 1969: 138).

Diejenigen, die im Mittelalter auf traditionelle Weise ihre Textilien herstellten, schlossen sich zusammen. Dies waren die Zünfte der Tuchmacher, und sie erwirkten vielerorts Verbote, das Spindelspinnrad zu verwenden. Denn wegen der Mechanisierung wurde das Spinnen effektiver und preiswerter, was die Verdienstmöglichkeiten der «Handarbeiter» des Spinnens schmälerte. Verbote von Spinnrädern sind bekannt aus Venedig (1224), Bologna (1256), Paris (1268), Speyer (1280), Abbeville (1288), Siena (1292) und Douai (1305) (Munro 2000). Doch der Siegeszug des Spinnrads konnte letztlich nicht aufgehalten werden.

Vom Mittelalter bis in die frühe Neuzeit waren zwei Spinnradmodelle in Gebrauch:

- ein Rad, das mit der einen Hand gedreht wurde, während mit der anderen Hand der Faden von der Spindel geführt wurde;
- ein Tretrad, dessen Betätigung die Möglichkeit bot, beide Hände frei zu bewegen.

Epilog

Spezialisierte Erfindungen für eine praktische Nutzung von Radtechnologie haben sich im Lauf der Zeit in den verschiedensten Anwendungsbereichen breit ausgefächert. Über die Antike hinaus hat sich diese dynamische Entwicklung kontinuierlich fortgesetzt – ob Zahnräder, Flaschenzüge, Schöpfräder, Spinnräder oder Räderpflüge, Drehscheiben, Uhren, Kreiselkompasse, Dampfmaschinen und so weiter und so fort.

In ständiger Abfolge sind immer wieder neue Maschinen erfunden worden, deren Funktion auf der Radtechnologie basierte. Dabei kommen häufig mehrere Radfunktionen gleichzeitig und kombiniert zur Anwendung. Im wahrsten Sinn des Wortes «sichtbar» ist eine Kombination verschiedener Prinzipien in derselben Konstruktion im Fahrrad. Hier werden zwei Prinzipien aktiviert: das Laufrad und das Zahnrad (für den Kettenantrieb). Das Laufrad wird von Ingenieuren als primäre Radfunktion eingestuft, das Zahnrad gehört zum Bereich komplexer Bauteile. Und in diesem Bereich gibt es unendlich viele spezielle Funktionen für Rad und Rädchen.

Die industrielle Revolution im 19. Jahrhundert, eingeleitet durch die Erfindung der Dampfmaschine, wäre ohne das Rad als komplexes Bauteil gar nicht denkbar. Alle mechanischen Maschinen sind damit ausgestattet. Wenn heutzutage Sonden auf dem Mars landen und ein Minikopter dort seine Runden dreht, dann mögen die Bewegungen alle aus der Ferne digital gesteuert sein, aber die Sonde bewegt sich auf realen Rädern, und die Rotoren des Minikopters werden konkret von einem Radmechanismus gedreht. Das Rad ist also auch in einer weitgehend digitalisierten Welt unverzichtbar.

Mithilfe der Digitaltechnik können sämtliche Entwicklungsprozesse angewandter Radtechnologie simuliert und rekonstruiert werden. Der Umgang mit dem visualisierten Rad erleichtert zudem Experimente mit dem Zweck immer weiter spezialisierter Erfindungen. Reichweite und Tragweite virtueller Experimente sind praktisch unbegrenzt und werden in der Zukunft vielerlei neuartige Anwendungen für eine praktische Nutzung der Radtechnologie erbringen. Die Modernisierung der Welt wird immer von einer multifunktionalen Radtechnologie geprägt bleiben.

Literatur

Ahmed, M. (2014). Ancient Pakistan – An archaeological history, vol. III: Harappan civilization – The material culture. CreateSpace (Independent Publishing Platform)

Anati, E. (1960). Bronze Age chariots from Europe, in: Proceedings of the Prehistoric Society N. S. 26: 50–63

Anreiter, P. u.a. (Hg.) (2012). Archaeological, cultural and linguistic heritage. Festschrift for Erzsébet Jerem. Budapest

Anthony, D. W. (2007). The horse, the wheel and language. How Bronze-Age riders from the Eurasian steppes shaped the modern world. Princeton, NJ u. Oxford

– (2009a). The Sintashta genesis. The roles of climate change, warfare, and long-distance trade, in: Hanks/Linduff 2009: 47–73

– (Hg.) (2009b). The lost world of Old Europe – The Danube valley 5000 – 3500 BC. Princeton, NJ u. Oxford

Anthony, D. W./Ringe, D. (2015). The Indo-European homeland from linguistic and archaeological perspectives, in: Annual Review of Linguistics 1: 199–219

Anthony, D. W./Vinogradov, N. B. (1995). Birth of the chariot, in: Archaeology 1995: 36–41

Arenhövel, W./Bothe, R. (Hg.) (1991). Das Brandenburger Tor 1791–1991. Eine Monographie. Berlin (2. Aufl.)

Arnold, E. (1885). Bhagavad-Gita (ungekürzte Übersetzung). New York (Nachdruck 1993)

Attema, P. A. J./Los-Weijns, M./Maring-Van der Pers, N. D. (2006).

Bailey, G./Spikins, P. (Hg.) (2008). Mesolithic Europe. Cambridge u. New York

Bakker, J. A. (2004). Die neolithischen Wagen im nördlichen Mitteleuropa, in: Fansa/Burmeister 2004: 283–294

Bakker, J. A. u. a. (1999). The earliest evidence of wheeled vehicles in Europe and the Near East, in: Antiquity 73: 778–790

Balabina, V. I. (2004). Glinjanemodeli sanej kul'tury Kukuten'-Tripol'e i tema puty, in: Gej 2004: 180–213

Barber, E. W. (1991). Prehistoric textiles. The development of cloth in the Neolithic and Bronze Ages. Princeton, NJ

– (1999). The mummies of Ürümchi. London

Barbieri-Low, A. (2000). Wheeled vehicles in the Chinese Bronze Age (c. 2000–741 B. C.), published in Sino-Platonic Papers 99

Bard, K. A. (Hg.) (1999). Encyclopedia of the archaeology of ancient Egypt. London

Barron, L. (2014). Celebrity cultures: An introduction. Thousand Oaks, CA

Bartelheim, M./Pernicka, E./Krause, R. (Hg.) (2002). Die Anfänge der Metallurgie in der Alten Welt. Rahden

Baumer, Ch. (2012). The history of Central Asia: The age of the steppe warriors. London u. New York

Bechert, H. (Hg.) (2000). Der Buddhismus I: Der indische Buddhismus und seine Verzweigungen. Stuttgart

Beekes, R. S. P. (2010). Etymological dictionary of Greek, 2 Bände. Leiden u. Boston
– (2011). Comparative Indo-European linguistics: An introduction. Amsterdam u. Philadelphia (2. Aufl.)
Belinskij, A./Kalmykov, A. (2004). Neue Wagenfunde aus Gräbern der Katakombengrabkultur im Steppengebiet des zentralen Vorkaukasus, in: Fansa/Burmeister 2004: 201–220
Bell, L. (2006). Conflict and reconciliation in the ancient Middle East. The clash of Egyptian and Hittite chariots in Syria, and the world's first peace treaty between «superpowers», in: Raaflaub 2006: 98–120
Bell-Fialkoff, A. (Hg.) (2000). The role of migration in the history of the Eurasian steppe. London
Bendrey, R. u. a. (2013). The origins of domestic horses in north-west Europe. New direct dates on the horses of Newgrange, Ireland, in: Proceedings of the Prehistoric Society 79: 91–103
Benecke, N. (2004). Die Domestikation der Zugtiere, in: Fansa/Burmeister 2004: 455–466
Bennett, D. (1997). Chariot racing in the ancient world, in: History Today 47/12: 41–48
Bernbeck, R. (2004). Gesellschaft und Technologie im frühgeschichtlichen Mesopotamien, in: Fansa/Burmeister 2004: 49–68
Bichir, G. (1964). Autour du problème des plus anciens modèles de chariots découverts en Roumanie, in: Dacia N. S. 8: 67–86
Bintliff, J. (2012). The complete archaeology of Greece. From hunter-gatherers to the 20th century A. D. Malden, MA u. Oxford
Birkhan, H. (1999). Kelten. Bilder ihrer Kultur. Wien
Bischoff, E. (2001). Mystik und Magie der Zahlen. Köln (Neudruck der Ausgabe von 1920)
Bleeker Luce Jr, S. (2021). An early potter's wheel, The Museum Journal. Penn Museum, web. 18 Feb 2021; <http://www.penn.museum/sites/journal/?p=>
Bóna, I. (1960). Clay models of Bronze Age wagons and wheels in the Middle Danubian Basin, in: Acta Archaeologica Hungarica 12: 83–111
– (1992). Wagen und Wagenmodelle in den Tell-Kulturen, in: Bronzezeit in Ungarn. Ausstellungskatalog. Frankfurt, 73–75
Bondár, Mária (2012). Prehistoric wagon models in the Carpathian basin (3500–1500 BC). Archaeolingua, vol. 32. Budapest
Boroffka, N. (2004a). Bronzezeitliche Wagenmodelle im Karpatenbecken, in: Fansa/Burmeister 2004: 347–355
– (2004b). Nutzung der tierischen Kraft und Entwicklung der Anschirrung, in: Fansa/Burmeister 2004: 467–480
Bourriau, J. (2000). The Second Intermediate Period (c. 1650–1550 BC), in: Shaw 2000
Boyle, K./Renfrew, C./Levine, M. (Hg.) (2002). Ancient interactions: East and west in Eurasia. Cambridge
Brodersen, K. (2004). Die sieben Weltwunder. Legendäre Kunst- und Bauwerke der Antike. München
Bronocice, Flintbek, Uruk, Jebel Aruda and Arslantepe: The earliest evidence of wheeled vehicles in Europe and the Near East, in: Palaeohistoria 47: 10–28
Brownrigg, G./Dietz, U. L. (2004). Schirrung und Zähmung des Streitwagenpferdes: Funktion und Rekonstruktion, in: Fansa/Burmeister 2004: 481–490

Bucolo, M. u. a. (2020). 500 years after Leonardo da Vinci's machines: Towards innovation and control. World Scientific Publishing

Burmeister, S. (2004a). Der Wagen im Neolithikum und in der Bronzezeit: Erfindung, Ausbreitung und Funktion der ersten Fahrzeuge, in: Fansa/Burmeister 2004: 13–40

– (2004b). Neolithische und bronzezeitliche Moorfunde aus den Niederlanden, Nordwestdeutschland und Dänemark, in: Fansa/Burmeister 2004: 321–339

– (2012). Der Mensch lernt fahren. Zur Frühgeschichte des Wagens, in: Mitteilungen der Anthropologischen Gesellschaft in Wien 142: 81–100

Burmeister, S./Raulwing, P. (2012). Festgefahren. Die Kontroverse um den Ursprung des Streitwagens. Einige Anmerkungen zu Forschung, Quellen und Methodik, in: Anreiter u. a. 2012

Bryant, E. (2001). The quest for the origins of Vedic culture. Oxford

Bryce, T. (2005). The kingdom of the Hittites. Oxford

Cáceres Macedo, J. (2001). Prehispanic cultures of Peru. Guide of Peruvian archaeology. Lima

Campbell, D. B. (2005). Belagerungskrieg in der römischen Welt, 146 v. Chr. – 378 n. Chr. Oxford

Capelle, T. (1985). Geschlagen in Stein. Skandinavische Felsbilder der Bronzezeit. Hildesheim

Carpelan, Chr./Parpola, A. (2001). Emergence, contacts and dispersal of Proto-Indo-European, Proto-Uralic and Proto-Aryan in archaeological perspective, in: Carpelan u. a. 2001: 55–150

Carpelan, Chr./Parpola, A./Koskikallio, P. (Hg.) (2001). Early contacts between Uralic and Indo-European: Linguistic and archaeological considerations. Helsinki

Chadwick, R. (1996). First civilizations: Ancient Mesopotamia and ancient Egypt. London

Chiu, Y. C. (2010). An introduction to the history of project management: From the earliest times to A. D. 1900. Eburon Academic Publishers

Chondros, T. G. u. a. (2016). The evolution of the double-horse chariots from the Bronze Age to the Hellenistic times, in: FME Transactions 44: 229–236

Connelly, J. B. (2014). The Parthenon enigma. A new understanding of the West's most iconic building and the people who made it. New York

Cornille, C. (2006). Song divine: Christian commentaries on the Bhagavad Gita. Leuven

Cotterell, A. (2005). Chariot. The astounding rise and fall of the world's first war machine. Woodstock u. New York

Crouwel, J. H. (1979). Wheeled vehicles and ridden animals in the ancient Near East. Leiden

– (1981). Chariots and other means of land transport in Bronze Age Greece. Amsterdam

– (1993). Chariots and other wheeled vehicles in Iron Age Greece. Amsterdam

– (2004a). Der Alte Orient und seine Rolle in der Entwicklung von Fahrzeugen, in: Fansa/Burmeister 2004: 69–86

– (2004b). Bronzezeitliche Wagen in Griechenland, in: Fansa/Burmeister 2004: 341–346

Cullen, M. S./Kieling, U. (1999). Das Brandenburger Tor. Ein deutsches Symbol. Berlin

Cunliffe, B. (2019). The Scythians. Nomad warriors of the steppe. London

Dalal, R. (2010). Hinduism: An alphabetical guide. Delhi

Dalley, S. (1994). Nineveh, Babylon and the Hanging Gardens: Cuneiform and classical sources reconciled, in: Iraq 56: 45–58
– (2013). The mystery of the hanging garden of Babylon: an elusive world wonder traced. Oxford
Dalley, S./Oleson, J. P. (2003). Sennacherib, Archimedes, and the water screw: The context of invention in the ancient world, in: Technology and Culture 44: 1–26
Davies, N. (1903). The rock tombs of El Amarna, part I. London 1903: 17
Demarest, A. (2004). Ancient Maya. The rise and fall of a rainforest civilization. Cambridge u. New York
Deng, Y./Wang, P. (2005). Ancient Chinese inventions. Beijing
Dergachev, V. (2007). O skipetrakh, o loshadiakh, o vojne. Etiudy v zashchitu migratsionnoj kontseptsii M. Gimbutas. St. Petersburg
Dévlet/Dévlet (2004). Felsbilder und Wagendarstellungen in Sibirien und Zentralasien, in: Fansa/Burmeister 2004: 237–246
Dewall, M. von (1964). Pferd und Wagen im frühen China. Bonn
Dexter, M. R. (1997). Horse goddess, in: Mallory/Adams 1997: 279–281
Di Cosmo, N. (2011). Military culture in imperial China. Cambridge, MA
Diehl, R. A./Mandeville, M. (1987). Tula and wheeled animal effigies in Mesoamerica, in: Antiquity 61: 239–246
Dinu, M. (1981). Clay models of wheels discovered in Copper Age cultures of Old Europe. Mid-5th millennium B. C., in: Journal of Indo-European Studies 9: 1–14
Doherty, S. K. (2015). The origins and use of the potter's wheel in ancient Egypt. Oxford
Donaldson, T. (2005). Konark. Oxford
Dornik, W./Gießauf, J./Iber, W. M. (Hg.) (2010). Krieg und Wirtschaft – Von der Antike bis ins 21. Jahrhundert. Innsbruck
Drews, R. (1993). The end of the Bronze Age: Changes in warfare and the catastrophe ca. 1200 B. C. Princeton, NJ
Droß-Krüpe, K. (2021). Semiramis, de qua innumerabilia narrantur. Rezeption und Verargumentierung der Königin von Babylon von der Antike bis in die *opera seria* des Barock. Wiesbaden
Dundas, P. (2003). The Jains. London
Edel, E. (1997). Der Vertrag zwischen Ramses II. von Ägypten und Hattusili III. von Hatti. Berlin
Ekholm, G. (1946). Wheeled toys in Mexico, in: American Antiquity 11: 222–228
El-Aref, N. (2013). Old Kingdom leather fragments reveal how ancient Egyptians built their chariots. English Ahra
Engel, E.-M./Müller, V./Hartung, U. (Hg.) (2008). Zeichen aus dem Sand. Streiflichter aus Ägyptens Geschichte zu Ehren von Günter Dreyer. Wiesbaden
Epimachov, A./Korjankova, L. (2004). Streitwagen der eurasischen Steppe in der Bronzezeit: Das Wolga-Uralgebirge und Kasachstan, in: Fansa/Burmeister 2004: 221–236
Ergrabene Welten. 40 Jahre archäologische Spurensuche auf vier Kontinenten, herausgegeben von der Kommission für Archäologie Außereuropäischer Kulturen, 2019
Fansa, M./Burmeister, S. (Hg.) (2004). Rad und Wagen: Der Ursprung einer Innovation. Wagen im Vorderen Orient und Europa. Mainz
Farber, W. (1980). Kampfwagen (Streitwagen) A. Philologisch, in: Reallexikon der Assyriologie und Vorderasiatischen Archäologie 5: 336–344

Farrell, J. W. (2020). The clock and the camshaft: and other medieval inventions we still can't live without. Buffalo, New York
Farrenkopf, J. (2001). Prophet of decline: Spengler on world history and politics. Baton Rouge, Louisiana
Fields, N./Delf, B. (2006). Bronze Age war chariots. Oxford u. New York
Fink, S. (2013). Oswald Spengler und der Streitwagen: Ein Plädoyer für Universalgeschichte, in: Studia Antiqua et Archaeologica XIX: 261–296
Flood, G. D. (1996). An introduction to Hinduism. Cambridge
Förster, F./Riemer, H. (Hg.) (2013). Desert road archaeology. Africa Praehistorica 27
Fowler, Ch./Harding, J./Hofmann, D. (Hg.) (2015). The Oxford handbook of Neolithic Europe. Oxford
Furrer-Linse, B. (2020). Die Ägypter gaben ihr den Namen Nofretete. Books on Demand
Fussman, G. u. a. (2005). Aryas, Aryens et Iraniens en Asie Centrale. Paris: Institut de Civilisation Indienne
Galter, H. D. (2010). Vom Streitwagen zur Reiterei – Innovation und Reformen in der assyrischen Armee, in: Dornik u. a. 2010: 81–90
Gantz, T. (1993). Early Greek myth. A guide to literary and artistic sources. Baltimore u. London
Gej, A. N. (2000). Novotitorovskaja kul'tura. Moskau
– (Hg.) (2004). Pamjatniki archeologii i drevnego iskusstva: Sbornik statej pamjati Vitalija Vasil'evica Volkova. Moskau
Genz, H. (2012). The introduction of the light, horse-drawn chariot and the role of archery in the Near East at the transition from the Middle to the Late Bronze Ages: Is there a connection?, in: Veldmeijer/Ikram 2012: 95–105
George, Roy (1999). Athena in the Odyssey. <goddess-athena.org>
Giesecke, J. u. a. (2009). Wasserkraftanlagen: Planung, Bau und Betrieb. Heidelberg (5. Aufl.)
Giles, D. (2000). Illusions of immortality: A psychology of fame and celebrity. London
Gilibert, H. (2004–2005). Warfare techniques in early dynastic Mesopotamia, in: Anodos. Studies of the Ancient World 4–5: 93–100
Gimbutas, M. (1991). The civilization of the Goddess. The world of Old Europe. San Francisco
Green, M. J. (1989). Symbol & image in Celtic religious art. London u. New York
– (1992). Dictionary of Celtic myth and legend. London
Greenhalg, P. A. L. (1973). Early Greek warfare. Horsemen and chariots in the Homeric and Archaic ages. Cambridge
Grube, N. (Hg.) (2006). Maya – Gottkönige im Regenwald. Potsdam
Grünthal, R./Kallio, P. (Hg.) (2012). A linguistic map of prehistoric northern Europe. Helsinki
Haarmann, H. (1996). Aspects of early Indo-European contacts with neighboring cultures, in: Indogermanische Forschungen 101: 1–14
– (1998). Religion und Autorität. Der Weg des Gottes ohne Konkurrenz. Hildesheim, Zürich u. New York
– (2008). Weltgeschichte der Zahlen. München
– (2016). Auf den Spuren der Indoeuropäer. Von den neolithischen Steppennomaden bis zu den frühen Hochkulturen. München
– (2018). Die Verwandlung der Sophia. Vom Ausklang der Aufklärung ins performative Zeitalter, Erster Teil. Berlin

– (2020). Advancement in ancient civilizations. Life, culture, science and thought. Jefferson, North Carolina

Haarmann, H./LaBGC (2021). The hero cult. A spectacle of world history that changed civilization. Wiesbaden

Halcour, D. (1991). Das Lebensrad der Tibeter. Köln

Hanks, B. K./Linduff, K. M. (Hg.) (2009). Social complexity in prehistoric Eurasia – Monuments, metals, and mobility. Cambridge

Hanks, B. K./Epimakhov, A. V./Renfrew, A. (2007). Towards a refined chronology for the Bronze Age of the southern Urals, Russia. DOI: 10.1017/S0003598X00095235

Harbison, P. (1991). The high crosses of Ireland, 3 Bde. Bonn

Harding, A. (2000). European societies in the Bronze Age. Cambridge

– (2007). Warriors and weapons in Bronze Age Europe. Budapest

Hardy, A. (2007). The temple architecture of India. Malden, MA u. Oxford

Harrak, A. (1987). Assyria and Hanilgalbat. A historical reconstruction of the bilateral relations from the middle of the 14th to the end of the 12th centuries BC. Hildesheim

Harris, D. R. (Hg.) (1996). The origins and spread of agriculture and pastoralism in Eurasia. London

Hau, E. (2014). Windkraftanlagen – Grundlagen, Technik, Einsatz, Wirtschaftlichkeit. Berlin u. Heidelberg (5. Aufl.)

Häusler, A. (1981). Zur ältesten Geschichte von Rad und Wagen im nordpontischen Raum, in: Ethnographisch-Archäologische Zeitschrift 22: 581–647

– (1982). Zur Geschichte von Rad und Wagen in den Steppen Eurasiens, in: Das Altertum 28: 16–26

– (1992). Der Ursprung des Wagens in der Diskussion der Gegenwart, in: Archäologische Mitteilungen aus Nordwestdeutschland 15: 179–190

Hayen, H. (1972). Vier Scheibenräder aus dem Vehnemoor bei Glum (Gemeinde Wardenburg, Landkreis Oldenburg), in: Die Kunde 1972: 62–86

He Xianwu/Wang Qiuhua (Hg.) (1993). Zhongguo wenwu kaogu cidian (Wörterbuch chinesischer Archäologie und Kulturdenkmäler). Beijing

Healy, M. (1993). Qadesh 1300 BC. Clash of the warrior kings. Wellingborough

Herold, A. (2004). Funde und Funktionen. Streitwagentechnologie im Alten Ägypten, in: Fansa/Burmeister 2004: 123–142

– (2006). Streitwagentechnologie in der Ramses-Stadt. Mainz

Heußner, K.-U. (1986). Zwei bronzezeitliche Scheibenräder von Kühlungsborn, Kreis Bad Doberan, in: Bodendenkmalpflege in Mecklenburg 1985: 125–131

Hofmann, U. (2004). Kulturgeschichte des Fahrens im Ägypten des Neuen Reiches, in: Fansa/Burmeister 2004: 143–156

Hoffmeier, J. K. (1999). Chariots, in: Bard 1999: 193–195

Höllmann, T. O. (2022). China und die Seidenstraße. Kultur und Geschichte von der frühen Kaiserzeit bis zur Gegenwart. München

Holm, H. J. J. G. (2019). The earliest wheel finds, their archeology and Indo-European terminology in time and space, and early migrations around the Caucasus. Budapest

Horejs, B. (2019). Long and short revolutions towards the Neolithic in western Anatolia and Aegean, in: Documenta Praehistorica 46: 68–83

Horn, V. (1995). Das Pferd im Alten Orient. Das Streitwagenpferd der Frühzeit in seiner Umwelt, im Training und im Vergleich zum neuzeitlichen Distanz-Reit- und Fahrpferd. Hildesheim

Hrouda, B. (1963). Der assyrische Streitwagen, in: Iraq 25: 155–158

Hubbeling, H. G./Kippenberg, H. G. (Hg.) (2020). On symbolic representation of religion – Zur symbolischen Repräsentation von Religion. Berlin u. New York

Huld, M. E. (2000). Reinventing the wheel: The technology of transport and Indo-European expansions, in: Jones-Bley u. a. 2000: 95–114

Hull, R. u. a. (Hg.) (2010). Units of measurement: Past, present and future. International system of units. Springer

Hutter, M. (2001). Das ewige Rad. Religion und Kultur des Buddhismus. Graz

Huyeng, Chr./Finger, A. (2015). Amarna in the 21st century.

Ifrah, G. (1987). Universalgeschichte der Zahlen. Frankfurt u. New York (2. Aufl.)

Izbitser, E. (2013). The royal cemetery at Ur and early wheels, in: Tyragetia S. N. 7: 9–17

Jacobs, B. (2005). Rezension von Fansa/Burmeister 2004, in: Orientalistische Literaturzeitung 100: 429–438

Johannsen, N./Laursen, S. (2010). Routes and wheeled transport in the late 4th – early 3rd millennium funerary customs of the Jutland Peninsula: Regional evidence and European context, in: Prähistorische Zeitschrift 85: 15–58

Jones-Bley, K./Huld, M. E./Volpe, A. della/Dexter, M. R. (Hg.) (2000). Proceedings of the 11th annual UCLA Indo-European conference, Los Angeles, June 4–5, 1995. Washington, D. C.

– (2008). Proceedings of the 19th annual UCLA Indo-European conference, Los Angeles, November 2–3, 2007. Washington, D. C.

Joshi, J. P./Parpola, A. (Hg.) (1987). Corpus of Indus seals and inscriptions, vol. 1: Collections in India. Helsinki

Jue, R./Cheng, L./Liu, Y. (2019). The development of the spinning wheel in ancient China. DOI: 10.35530/IT.070.02.1524

Kaiser, E. (2010). Wurde das Rad zweimal erfunden? Zu den frühen Wagen in der eurasischen Steppe. Prähistorische Zeitschrift 85: 137–158. DOI: 10.1515/pz.2010009

Kaiser, E./Winger, K. (2015). Pit graves in Bulgaria and the Yamnaya culture, in: Prähistorische Zeitschrift 90: 114–140

Kammerhuber, A. (1961). Hippologia Hethitica. Wiesbaden

Kantorovic, A. R./Maslov, V. E. (2008). Eine reiche Bestattung der Majkop-Kultur im Kurgan nahe der stanica Mar'inskaja, rajon Kirov, kraj Stavropol, in: Eurasia Antiqua 14: 151–165

Kaul, F. (2003). Der Mythos von der Reise der Sonne. Darstellungen auf Bronzegegenständen der späten Bronzezeit, in: Gold und Kult der Bronzezeit (Ausstellungskatalog). Nürnberg

Kenoyer, J. M. (1998). Ancient cities of the Indus valley civilization. Oxford

– (2004). Die Karren der Induskultur Pakistans und Indiens, in: Fansa/Burmeister 2004: 87–106

Kenoyer, J. M./Meadow, R. H. (2000). The Ravi phase: A new cultural manifestation at Harappa, in: South Asian Archaeology 1997: 55–76

Kidd, I. J. (2012). Oswald Spengler, technology, and human nature: ‹Man and technics› as philosophical anthropology, in: The European Legacy 17: 19–31

Kleijn, L. S. (1963). Bronze Age earthen wheel models from the northern shore of the Black Sea, in: Archeologiai Értesítö 90: 61–63

Kleiss, W. (1981). Ein Abschnitt der achämenidischen Königs-Strasse von Pasargadae und Persepolis nach Susa, in: Archäologische Mitteilungen aus dem Iran 14: 45–53

Klengel, H. (2002). Hattuschili und Ramses, Hethiter und Ägypter. Ihr langer Weg zum Frieden. Mainz

Koch, J. T. (Hg.) (2006). Celtic culture: A historical encyclopedia, Band 2. Santa Barbara, CA
Kolb, F. (2002). Rom – Die Geschichte der Stadt in der Antike. München
Köpp, H. (2008a). Reisen in prädynastischer Zeit und Frühzeit, in: Engel u.a. 2008: 401–412
– (2008b). Das Rad im Alten Ägypten. (K)eine Erfolgsgeschichte? Altägyptische Wagen und ihre Entwicklungsgeschichte seit dem Alten Reich, in: Sokar 17: 44–53
– (2008c). Weibliche Mobilität im Alten Ägypten. Frauen in Sänften und auf Streitwagen, in: Miscellanea in honorem Wolfhart Westendorf. Göttinger Miszellen, Beiheft 3 (Göttingen): 34–44
– (2010). Nofretete auf dem Streitwagen, in: Kemet 3: 34–35
– (2011a). Die Entwicklung des ägyptischen Streitwagens nach dem Neuen Reich, in: Kemet 3: 40–43
– (2011b). Streitwagen im Kampf. Vom ägyptischen Streitwagen zum persischen Sichelwagen, in: Sokar 22: 58–69
– (2013). Desert travel and transport in ancient Egypt. An overview based on epigraphic, pictorial and archaeological evidence, in: Förster/Riemer 2013: 103–127
– (2016). Wagons and carts and their significance in Ancient Egypt, in: Journal of Ancient Egyptian Interconnections 9: 14–58
Kristiansen, K. (2004). Kontakte und Reisen im 2. Jahrtausend v. Chr., in: Fansa/Burmeister 2004: 443–454
Krupp, E. C. (2000). Sky tales and why we tell them, in: Selin/Xiaochun 2000: 1–30
Kulakoglu, F. (2003). Recently discovered bronze wagon models from Sanliurfa, southeastern Anatolia, in: Anatolia 24: 63–77
Kulkarni, R. P. (1994). Visvakarmiya Rathalaksanam: Study of ancient Indian chariots: with a historical note, references, Sanskrit text, and translation in English. Delhi
Küster, H. (2004). Naturräumliche Bedingungen in Mitteleuropa im 4./frühen 3. Jahrtausend v. Chr., in: Fansa/Burmeister 2004: 247–254
Kuz'mina, E. E. (2007). The origin of the Indo-Iranians. Leiden
Kuznetsov, P. F. (2006). The emergence of Bronze Age chariots in eastern Europe, in: Antiquity 80: 638–645
LaBGC/Haarmann, H. (2019). Miteinander Neu-Denken. Europa im Gestern | Alteuropa im Heute. Berlin
Landes, D. S. (1969). The unbound Prometheus: Technological change and industrial development in western Europe from 1750 to the present. Cambridge u. New York
Lang, M. (Hg.) (2010). Staatsverträge, Völkerrecht und Diplomatie im Alten Orient und in der griechisch-römischen Antike. Wiesbaden
Lay, M. G. (1992). Ways of the world: A history of the world's roads and the vehicles that used them. New Brunswick, New Jersey
Lee-Stecum, P. (2006). Dangerous reputations: Charioteers and magic in fourth-century Rome, in: Greece & Rome 53: 224–234
Lewis, M. J. T. (1994). The origins of the wheelbarrow, in: Technology and culture, Band 35: 453–475
Li, Ch. u.a. (2010). Evidence that a West-East admixed population lived in the Tarim Basin as early as the early Bronze Age, in: BMC Biology 8 (15). DOI: 10.1186/1741-7007-8-15
– (2015). Analysis of ancient human mitochondrial DNA from the Xiaohe cemetery: insights into prehistoric population movements in the Tarim Basin, China, in: BMC Genet. 16 (78). DOI: 10.1186/s12863-015-0237-5

Lindner, S. (2020). Chariots in the Eurasian steppe: a Bayesian approach to the emergence of horse-drawn transport in the early second millennium BC. DOI: 10.15184/aqy.2020.37
Littauer, M. A. (1977). Rock carvings of chariots in Transcaucasia, Central Asia, and Outer Mongolia, in: Proceedings of the Prehistoric Society 43: 243–262
Littauer, M. A./Crouwel, J. H./Raulwing, P. (Hg.) (2002). Selected writings on chariots and other early vehicles, riding and harness. Leiden
Loewe, M./Shaughnessy, E. L. (Hg.) (1999). The Cambridge history of ancient China. Cambridge
Lu Liancheng (1993). Chariot and horse burials in ancient China, in: Antiquity 67: 824–838
MacGregor, N. (2011). Eine Geschichte der Welt in 100 Objekten. München
Mackey, J. P. (1989). An introduction to Celtic Christianity. Edinburgh
Magirius, H. (2000). Die Semperoper zu Dresden. Leipzig (2. Aufl.)
Maisels, Ch.K. (1999). Early civilizations of the Old World. The formative histories of Egypt, the Levant, Mesopotamia, India and China. London u. New York
Mallory, J. P./Adams, D. Q. (Hg.) (1997). Encyclopedia of Indo-European culture. London u. Chicago
– (2006) The Oxford introduction to Proto-Indo-European and the Proto-Indo-European world. Oxford u. New York
Mallory, J. P./Mair, V. H. (2000). The Tarim mummies: Ancient China and the mystery of the earliest peoples from the west. London
Maran, J. (2004). Kulturkontakte und Wege der Ausbreitung der Wagentechnologie im 4. Jahrtausend v. Chr., in: Fansa/Burmeister 2004: 429–442
Matthies, A. L. (1991). The medieval wheelbarrow, in: Technology and culture, Band 32: 356–364
McIntosh, J. R. (2008). The ancient Indus valley: New perspectives. Santa Barbara, CA
McMahon, A. (2016). Mitanni kingdom, in: The Encyclopedia of Empire: 1–3
Meller, H./Schefzik, M. (Hg.) (2016). Krieg – Eine archäologische Spurensuche. Begleitband zur Sonderausstellung vom 6. November 2015 bis 22. Mai 2016 im Landesmuseum für Vorgeschichte Halle. Halle
Meyer-Hermann, C. (2011). Die Jahrhunderte der Wassermühlen. Hameln
Michalak, P./Zimmy, J. (2011). Wind energy development in the world, Europe and Poland from 1995 to 2009; current status and future perspectives, in: Renewable and Sustainable Energy Reviews 15: 2330–2341
Miller, S. G. (2012). The organization and functioning of the Olympic Games, in: Phillips/Pritchard 2012: 1–40
Mischka, D. (2022). Das Neolithikum in Flintbek. Eine feinchronologische Studie zur Besiedlungsgeschichte anhand von Gräbern. Bonn
Mitra, D. (1968). Konarak. Archaeological Survey of India
Moorey, P. R. S. (1986). The emergence of the light, horse-drawn chariot in the Near East c. 2000–1500 B. C.; in: World Archaeology 18: 196–215
– (1999). Ancient Mesopotamian materials and industries: The archaeological evidence. Winona Lake, IN
Moretti, M./Maetzke, G./Gasser, M. (1969). Kunst und Land der Etrusker. Zürich
Morris, I. (2013). The measure of civilization. How social development decides the fate of nations. Princeton, NJ u. Oxford
Munro, J. (2000). Wool and wool based textiles in the West European economy, c.

800–1500. Innovations and traditions in textile products, technology, and industrial organization. Toronto
Murtonen, A. (1989). Hebrew in its West Semitic setting, part one: A comparative lexicon. Leiden u. New York
Nagel, G./Radlik, K. A. (1988). Wasserförderschnecken, Planung, Bau und Betrieb von Wasserhebeanlagen. Wiesbaden u. Berlin
Nagy, G. (2010). The ancient Greek hero in 24 hours. Cambridge, MA
Nayar, P./Ilahi, E. R. (Hg.) (2019). Human and heritage: An archaeological spectrum of Asiatic countries, Band I. Delhi.
Nefidokin, A. K. (2004). On the origin of the scythed chariots, in: Historia: Zeitschrift für Alte Geschichte 53: 369–378
Neuburger, A. (1919). Die Technik des Altertums. Leipzig
Nicholson, P. T./Shaw, I. (Hg.) (2000). Ancient Egyptian materials and technology. Cambridge
Nikolova, A. V. u. a. (2009). Die absolute Chronologie der Jamnaja-Kultur im nördlichen Schwarzmeergebiet auf der Grundlage erster dendrochronologischer Daten, in: Eurasia Antiqua 15: 209–240
Nissen, H.-J./Renger, J. (Hg.) (1982). Mesopotamien und seine Nachbarn. Politische und kulturelle Wechselbeziehungen im Alten Orient vom 4. bis 1. Jahrtausend v. Chr. Berlin
Nosov, K. (2006). Russische Festungen, 1480–1682. Oxford
Notz, K.-J. (2007). Herders Lexikon des Buddhismus. Erftstadt
Novák, M. (2005). Rezension von Fansa/Burmeister 2004, in: Die Welt des Orients 35: 280–284
Oakley, J. H. (2013). The Greek vase. Art of the storyteller. London
Pacey, A. (1991). Technology in world civilization: A thousand-year history. Cambridge, MA
Parpola, A. (2008). Proto-Indo-European speakers of the late Tripolye culture as the inventors of wheeled vehicles: Linguistic and archaeological considerations of the PIE homeland problem, in: Jones-Bley u. a. 2008: 1–59
– (2012a). Formation of the Indo-European and Uralic (Finno-Ugric language families in the light of archaeology: Revised and integrated ‹total› correlations, in: Grünthal/Kallio 2012: 119–184
– (2020). Royal «chariot» burials of Sanauli near Delhi and archaeological correlates of prehistoric Indo-Iranian languages, in: Studia Orientalia Electronica 8: 175–198
Parzinger, H. (2006). Die frühen Völker Eurasiens: Vom Neolithikum bis zum Mittelalter. München
Pernicka, E./Anthony, D. W. (2009). The invention of copper metallurgy and the Copper Age of Old Europe, in: Anthony 2009 b: 162–177
Phillips, D. J. (2012). Athenian political history: A Panathenaic perspective, in: Phillips/Pritchard 2012: 197–232
Phillips, D. J./Pritchard, D. (Hg.) (2012). Sport and festival in the ancient Greek world. Swansea u. Oxford
Piggot, S. (1983). The earliest wheeled transport from the Atlantic coast to the Caspian Sea. Ithaca, NY
– (1992). Wagon, chariot and carriage: Symbol and status in the history of transport. London

Pöthe, Z. (2014). Perikles in Preußen. Die Politik Friedrich Wilhelms II. im Spiegel des Brandenburger Tores (Diss.). Berlin
Pogrebova, M. (2003). The emergence of chariots and riding in the South Caucasus, in: Oxford Journal of Archaeology 22: 397–409
Possehl, G. (2004). The Indus civilization: A contemporary perspective. New Delhi
Pruthi, R. (2004). Prehistory and Harappan civilization. APH Publishing
Quiring, H. (1964). Die erste Stahlerzeugung, in: Blätter für Technikgeschichte (Museum für Industrie und Gewerbe in Wien) 26: 118–123
Raaflaub, K. A. (Hg.) (2006). War and peace in the ancient world. Malden, MA
Raimund, K. (2006). Chariot and wagon, in: Koch 2006: 401
Ralby, A. (2013). Battle of Kadesh, c. 1274 BC: Clash of empires. Atlas of military history. Parragon: 54–55
Raulwing, P. (2000). Horses, chariots and Indo-Europeans: Foundations and methods of chariotry research from the viewpoint of comparative Indo-European linguistics. Budapest
Renger, J. (2004). Die naturräumlichen Bedingungen im Alten Orient im 4. und frühen 3. Jht. v. Chr., in: Fansa/Burmeister 2004: 481–490
Rice, P. M. (2007). Maya calendar origins. Monuments, mythistory, and the materialization of time. Austin, TX
Richter, T. (2004). Der Streitwagen im Alten Orient im 2. Jahrtausend v. Chr. – eine Betrachtung anhand der keilschriftlichen Quellen, in: Fansa/Burmeister 2004: 507 ff.
Roaf, M. (1990). Cultural atlas of Mesopotamia and the ancient Near East. New York u. Oxford
Roux, V./Miroschedji, P. de (2009). Revisiting the history of the potter's wheel in the southern Levant, in: Levant 41: 155–173
Sandor, B. I. (2004a). The rise and decline of the Tutankhamun-class chariot, in: Oxford Journal of Archaeology 23: 153–175
– (2004b). Tutankhamun's chariots: Secret treasures of engineering mechanics. Fatigue & Fracture of Engineering Materials & Structures 27: 637–646
Sawyer, R. D. (2011). Ancient Chinese warfare. Basic books
Schele, L./Freidel, D. (1991). Die unbekannte Welt der Maya. Das Geheimnis ihrer Kultur entschlüsselt. München
Schiltz, E. A. (2006). Two chariots: The justification of the best life in the *Katha Upanishad* and Plato's *Phaedrus*, in: Philosophy East and West 56: 451–468
Schiltz, V. (1994). Die Skythen und andere Steppenvölker. 8. Jahrhundert v. Chr. bis 1. Jahrhundert n. Chr. München
Schimmelpfennig, L. V./Kratz, R. G. (Hg.) (2019). Zahlen- und Buchstabensysteme im Dienste religiöser Bildung. Tübingen
Schlichterle, H. (2004). Wagenfunde aus den Seeufersiedlungen im zirkumalpinen Raum in: Fansa/Burmeister 2004: 295–314
Schlögl, H. A. (2006). Das alte Ägypten. München
Schmidt, K. (2002). Friede durch Vertrag. Der Friedensvertrag von Kadesch von 1270 v. Chr., der Friede des Antalkidas von 386 v. Chr. und der Friedensvertrag zwischen Byzanz und Persien von 562 n. Chr. Frankfurt
Schmidt-Glintzer, H. (2005). Der Buddhismus. München
Schneider, T. (1997). Lexikon der Pharaonen. München
Schröter, M. (1949). Metaphysik des Untergangs. Eine kulturkritische Studie über Oswald Spengler. München

Selin, H./Xiaochun, S. (Hg.) (2000). Astronomy across cultures. The history of non-Western astronomy. Dordrecht, Boston u. London

Shah, S. Gh. M./Parpola, A. (Hg.) (1991). Corpus of Indus seals and inscriptions, Band 2: Collections in Pakistan. Helsinki

Shaughnessy, E. L. (1988). Historical perspectives on the introduction of the chariot into China, in: Harvard Journal of Asiatic Studies 48: 189–237

– (1999). Western Zhou history, in: Loewe/Shaughnessy 1999: 292–351

Shaw, I. (Hg.) (2000). The Oxford history of ancient Egypt. Oxford

Shelach-Lavi, G. (2015). The archaeology of early China. Cambridge

Sherratt, A. (1996). Das sehen wir auch den Rädern ab. Some thoughts on M. Vosteen's «Unter die Räder gekommen», in: Archäologische Informationen 19: 155–172

– (2004). Wagen, Pflug, Rind: ihre Ausbreitung und Nutzung. Probleme der Quelleninterpretation, in: Fansa/Burmeister 2004: 409–429

Singh, U. (2008). A history of ancient and early medieval India: From the Stone Age to the 12th century. New Delhi

Slaveva-Griffin, S. (2003). Of gods, philosophers and charioteers: Content and form in Parmenides' Proem and Plato's Phaedrus, in: Transactions of the American Philological Association 133: 227–253

Smith, B. L. (Hg.) (1972). The two wheels of dhamma. Montreal

Smith, C. W./Cothren, J. T. (1999). Cotton: origin, history, technology, and production. New York

Snodgrass, A. (1985). The symbolism of the stupa. Ithaca, NY

Sommerfeld, Chr. (2010). ... nach Jahr und Tag – Bemerkungen über die Trundholm-Scheiben, in: Prähistorische Zeitschrift 85: 207–242

Sparreboom, M. (1985). Chariots in the Veda. Leiden

Spengler, Oswald (1937). Reden und Aufsätze. München (3. Aufl. 1951)

– (1966). Frühzeit der Weltgeschichte: Fragmente aus dem Nachlass (herausgegeben von A. M. Koktanek und M. Schröter)

Spennemann, D. R. (1984). Ein tönernes Radmodell aus dem späten Jungneolithikum Süddeutschlands, in: Germania 1984: 55–61

Stark, M./Bowser, B./Horne, L. (Hg.) (2008). Cultural transmission and material culture. Breaking down boundaries. Tucson, Arizona

Starke, F. (1995). Ausbildung und Training von Streitwagenpferden. Eine hippologisch orientierte Interpretation des Kikkuli-Textes. Wiesbaden

Stirling, M. W. (1962). Wheeled toys from Tres Zapotes, Veracruz, in: Amerindia 1: 43–49

Stocker, T./Jackson, B./Riffell, H. (1986). Wheeled figurines from Tula, Hidalgo, Mexico, in: Mexicon 8: 69–72

Stone, E. C. (1993). Chariots of the gods in Old Babylonian Mesopotamia (c. 2000–1600 BC), in: Cambridge Archaeological Journal 3: 83–107

Straube, E./Krass, K. (2005). Straßenbau und Straßenerhaltung. Berlin

Sturm, F. (2013). Orientierung des Menschen in der Natur. München

Sun Ji (1985). Zhongguo gudai duzhou mache de jiegou (Die Struktur des chinesischen Streitwagens mit Deichsel), in: Wenwu 8: 25–40

Tarr, L. (1978). Karren, Kutsche, Karosse. Eine Geschichte des Wagens. Berlin

Teufer, M. (2012). Der Streitwagen: Eine «indo-arische» Erfindung. Zum Problem der Verbindung von Sprachwissenschaft und Archäologie, in: Archäologische Mitteilungen aus Iran und Turan 44: 271–311

Thiele, J. (2006). Die sieben Weltwunder. Wiesbaden
Thieme, P. (1960). The ‹Aryan› gods of the Mitanni treaties, in: Journal of the American Oriental Society 80: 301–317
Trifonov, V. (2004). Die Majkop-Kultur und die ersten Wagen in der südrussischen Steppe, in: Fansa/Burmeister 2004: 167–176
Troia – Traum und Wirklichkeit (Ausstellungskatalog). Bonn 2001
Turetskij, M. (2004). Wagengräber der grubengrabzeitlichen Kulturen im Steppengebiet Osteuropas, in: Fansa/Burmeister 2004: 191–200
Turnbull, S. (2004). Die Mauern von Konstantinopel, 324–1453 n. Chr. Oxford
Tyldesley, J. (2006). Chronicle of the queens of Egypt. London
– (2019). Mythos Nofretete. Die Geschichte einer Ikone. Stuttgart
Van den Brink, E. C. M./Levy, T. E. (Hg.) (2002). Egypt and the Levant. Interrelations from the 4th through the early 3rd millennium BCE. London u. New York
Veldmeijer, A. J./Ikram, S. (Hg.) (2012). Chasing chariots: Proceedings of the First International Chariot Conference (Cairo 2012). Leiden
– (Hg.) (2018). Chariots in Egypt. Havertown, Pennsylvania
Vinod, V. (2019). Harappan graffiti from Dholavira, in: Nayar/Ilahi 2019: 634–645
Voß, A. W. (2006). Astronomie und Mathematik, in: Grube 2006: 131–145
Vosteen, M. (1996). Taken the wrong way. Einige Bemerkungen zu A. Sherratts «Das sehen wir auch den Rädern ab», in: Archäologische Informationen 19: 173–186
– (1999). Urgeschichtliche Wagen in Mitteleuropa. Eine archäologische und religionswissenschaftliche Untersuchung neolithischer bis hallstattzeitlicher Befunde. Berlin
Wagner, M./Leube, G. (2004). Wagenbestattungen im bronzezeitlichen China, in: Fansa/Burmeister 2004: 107–122
Wan, X. (2013). The horse in pre-imperial China. Publicly accessible Pennsylvania dissertations
Weidner, T. (1996). Das Siegestor und seine Fragmente. München
Wenger, R. (2008). Strategie, Taktik und Gefechtstechnik in der Ilias. Analyse der Kampfbeschreibungen der Ilias. Hamburg
Weninger, B. u. a. (2014). Neolithisation of the Aegean and Southeast Europe during the 6600–6000 calBC period of rapid climate change, in: Documenta Praehistorica 41: 1–31
Werner, D. S. (2012). Myth and philosophy in Plato's Phaedrus. Cambridge
Wilde, H. (2011). Innovation und Tradition. Zur Herstellung und Verwendung von Prestigegütern im pharaonischen Ägypten. Wiesbaden
Winther Johannsen, J. (2010). The wheeled vehicles of the Bronze Age on Scandinavian rock-carvings, in: Acta Archaeologica 81: 144–243
Wittel, H. u. a. (2019). Maschinenelemente. Normung, Berechnung, Gestaltung. Wiesbaden (24. Aufl.)
Woytowitsch, E. (1985). Die ersten Wagen der Schweiz. Die ältesten Europas, in: Helvetia Archaeologica 61: 2–41
Yan, H.-S./Caccarelli, M. (Hg.) (2011). International symposion on history of machines and mechanisms: Proceedings of HMM 2008. Berlin u. Heidelberg
Yang Baocheng (1984). Yin dai chezi de faxian yu fuyuan (Die Entdeckung und Rekonstruktion des Streitwagens der Shang-Ära), in: Kaogu 6: 546–555
Zettler, R. L./Horne, L. (Hg.) (1998). Treasures from the royal tombs of Ur. Philadelphia, Pennsylvania

Bildnachweis

Seite 3 (und öfter): Rad aus der oberitalienischen Terramare-Kultur, mittlere Bronzezeit. © bpk/DeAgostini/New Picture Library/A. De Gregorio | *Seite 23:* Lazarovici 2009: 137 | *Seite 24:* Videjko 2008: 16 | *Seite 28:* bpk/Vorderasiatisches Museum, SMB/Olaf M. Teßmer | *Seite 33:* © akg-images/André Held | *Seite 36 oben:* John O'Neill/Wikimedia Commons (CCo 1.0) | *Seite 36 unten:* Wikimedia Commons (CC BY-SA 4.0) | *Seite 37:* © Iberfoto/Bridgeman Images | *Seite 38:* Heritage Images/Ashmolean Museum, University of Oxford/akg-images | *Seite 40:* Videjko 2008: 80 | *Seite 42:* © bpk/Museum für Vor- und Frühgeschichte, SMB/Jürgen Liepe | *Seite 43:* © akg-images/Werner Forman | *Seite 44:* Kuzmina 2008: 178 | *Seite 56:* © Look and Learn/Bridgeman Images | *Seite 58–59:* © akg-images/Science Source | *Seite 60:* Bakker et al. 1999 | *Seite 62:* © akg-images/Nimatallah | *Seite 63:* Parpola 2020: 186 | *Seite 67:* Anthony 2007: 68 | *Seite 73:* © akg-images/Bildarchiv Steffens | *Seite 74–75:* © Roland and Sabrina Michaud/akg-images | *Seite 80:* Kuzmina 2008: 154 | *Seite 81:* Mallory/Mair 2000: 325 | *Seite 83:* © akg-images/jh-Lightbox Ltd./John Hios | *Seite 85:* © bpk/The Trustees of the British Museum | *Seite 97:* © akg-images/François Guénet | *Seite 105:* © akg-images/André Held | *Seite 106:* © akg-images/François Guénet | *Seite 112:* © akg-images/De Agostini Picture Lib./G. Dagli Orti | *Seite 117:* © akg-images/Rabatti & Domingie | *Seite 124:* © akg-images/Günter Schneider | *Seite 128:* Vinod 2019: 637 | *Seite 132:* © akg-images/Gerard Degeorge | *Seite 136:* © akg-images/De Agostini Picture Lib./A. Dagli Orti | *Seite 138:* © akg-images/Andrea Jemolo | *Seite 141:* © Granger/Bridgeman Images | *Seite 142:* Voß 2006: 136 | *Seite 151:* © akg-images/De Agostini/G. Barone | *Seite 154:* © akg-images/Bible Land Pictures/Z. Radovan/www.BibleLandPictures | *Seite 159:* © akg-images/jh-Lightbox_Ltd./John Hios | *Seite 160:* © akg-images/Science Source | *Seite 163:* Wikimedia Commons | *Seite 167:* © Roland and Sabrina Michaud/akg-images

Register

Kursive Seitenzahlen beziehen sich auf Abbildungen und Karten.